"十四五"国家重点图书
Springer 精选翻译图书

深度学习
基础理论及其应用

[中] Kaizhu Huang
[英] Amir Hussain　　主编
[中] Qiu-Feng Wang
[中] Rui Zhang

张　鑫　吴小川　杨　强　　译

内容简介

本书针对深度学习技术，描述了深度学习的基本理论，以及在相关领域中的应用和最新成果。本书主要介绍了隐藏变量的深度密度模型和基于循环神经网络的深度学习模型，并对其在汉字手写体识别和中文文本手写体识别、自然语言处理、海洋数据分析等领域的应用进行介绍。

本书适合计算机科学与技术、统计学、电子信息工程等专业的高年级学生和对深度学习感兴趣或正在研究深度学习理论及应用的研究者。

黑版贸审字 08-2021-021 号

First published in English under the title
Deep Learning: Fundamentals, Theory and Applications
edited by Kaizhu Huang, Amir Hussain, Qiu-Feng Wang and Rui Zhang
Copyright © Springer Nature Switzerland AG, 2019
This edition has been translated and published under licence from
Springer Nature Switzerland AG.

图书在版编目（CIP）数据

深度学习：基础理论及其应用/黄开竹等主编；张鑫，吴小川，杨强译. —哈尔滨：哈尔滨工业大学出版社，2025.1

（电子与信息工程系列）

ISBN 978-7-5767-1221-6

Ⅰ.①深… Ⅱ.①黄… ②张… ③吴… ④杨… Ⅲ.①机器学习 Ⅳ.①TP181

中国国家版本馆 CIP 数据核字（2024）第 030542 号

策划编辑	许雅莹	
责任编辑	许雅莹　张 权	
封面设计	刘 乐	
出版发行	哈尔滨工业大学出版社	
社　　址	哈尔滨市南岗区复华四道街 10 号　邮编 150006	
传　　真	0451-86414749	
网　　址	http://hitpress.hit.edu.cn	
印　　刷	哈尔滨市颉升高印刷有限公司	
开　　本	720 mm×1 020 mm　1/16　印张 11　字数 174 千字	
版　　次	2025 年 1 月第 1 版　2025 年 1 月第 1 次印刷	
书　　号	ISBN 978-7-5767-1221-6	
定　　价	78.00 元	

（如因印装质量问题影响阅读，我社负责调换）

译者序

随着大数据时代的到来,人们希望从海量数据中获取所需要的信息,并利用获取的信息对未来进行预测。

深度学习作为人工智能领域的一个重要子领域,是由机器学习迈向人工智能的重要手段。深度学习作为机器学习的一个分支,不仅可以通过学习建立特征和任务之间的联系,还能自动地从简单特征中提取更复杂的特征。2010 年之后,深度学习的热度呈指数趋势上升,在各领域均受到了广泛关注。

作者在本书中详细描述了深度学习的基本理论,并作为相关技术应用于机器学习、计算机视觉、自然语言处理和海洋数据分析等领域,对于相关领域的研究者具有重要的指导意义。

本书分为 6 章。每一章都从介绍基本理论开始,结合相关领域的应用进行介绍,最后列出相关参考文献。

第 1 章介绍了隐藏变量的深度密度模型,包括浅层架构和深层架构,并详细介绍了两种标准的概率模型,即混合因子分析器(MFAs)和混合共载因子分析器(MCFAs)。

第 2 章介绍了基于循环神经网络(RNNs)的深度学习模型,重点介绍了深度长短时记忆(LSTMs)结构和连接时序分类(CTC)搜索算法,并利用在线手写体识别评估了这些算法性能。

第 3 章介绍了基于深度学习的汉字手写体识别和中文文本手写体识别的研究进展。在此基础上,介绍了两类特征级神经网络语言模型(NNLMs),即前馈神经网络语言模型(FNNLMs)和递归神经网络语言模型(RNNLMs)。回顾了基于深度学习的汉字手写体识别领域中的最新成果,包括了分离字符识别和文本识别。

第 4 章和第 5 章介绍了自然语言处理(NLP)领域中的深度学习方法。第 4 章侧重介绍深度学习在自然语言处理领域的基础概念;第 5 章介绍了在自然语言处理领域中应用深度学习处理的方法,包括命名实体识别、超标记、机器翻译和文本摘要。

第 6 章介绍了基于深度学习模型的海洋数据分析，包括如何使用深度卷积神经网络（CNNs）进行海峰识别，如何使用长短时记忆网络进行海洋表面温度预测。

本书由张鑫、吴小川、杨强共同翻译，全书由张鑫统稿。张鑫翻译第 1、2、4、5 章，吴小川翻译第 6 章，杨强翻译第 3 章，并得到了张佳智、季晓玮、张童在公式编辑等方面的协助。

译者在翻译的过程中对原书中的一些错误进行了修正，如本书中仍然存在疏漏与不足之处，恳请读者批评指正。

译　者
2024 年 6 月

前　言

近十年来,深度学习受到了广泛关注,并且在如语音识别、计算机视觉、手写体识别、机器翻译和自然语言处理等领域中取得了令人振奋的成绩。更令人吃惊的是,机器在某些方面的能力超越了人类,深度学习的快速发展开始影响人们的生活。不过,对深度学习而言,挑战依然存在,特别是深度学习的成功案例依然没有被清晰地诠释,与深度学习模型相关的实验依然需要大量经过标记的数据,在实际应用中,深度学习模型优化需要相当长的时间训练。因此,需要更加深入地研究深度学习技术,同时深度学习技术也需要被应用到更具有挑战性的领域。本书描述了深度学习的基本理论,以及在相关领域中的应用,包括基本理论、可行方法及在机器学习、计算机视觉和自然语言处理方面取得的最新成果。

本书分为6章。每一章都从介绍基本描述开始,最后列出相关参考文献,这6章内容概述如下。

密度模型提供了一种估计数据分布特性的处理框架,也是机器学习中的主要任务。第1章介绍了隐藏变量的深度密度模型,以及基于此的分层贪婪无监督学习算法。深度模型的每一层采用了有且只有一个隐藏变量层的模型,如混合因子分析器(MFAs)和混合共载因子分析器(MCFAs)。

基于循环神经网络(RNNs)的深度学习模型已经被广泛地研究并且应用于序列模式中,特别是长短时记忆(LSTMs)。第2章介绍了深度LSTM结构和连接时序分类(CTC)搜索算法,利用在线手写体识别评估了这些算法性能。

基于上述相关的深度学习理论,第3章、第4章、第5章、第6章介绍了深度学习方法在特定领域的最新进展。第3章回顾了汉字手写体识别领域中基于深度学习方法的最新成果,包含了分离字符识别及文本识别。

第4章和第5章关注在自然语言处理(NLP)领域中的深度学习方法。这一领域一直是人工智能(AI)中的核心,其目标是设计一种计算机算法,使其能像人类一样理解和处理自然语言。特别地,第4章聚焦于NLP基础概念,通过深度学习实现单词的植入、表达等,此外,NLP中两个有效学习模型,循环神经网络(RNNs)和卷积神经网络(CNNs)也在本章进行了阐述。第5章介绍了自然语言处理(NLP)任务的深度学习方法,这些任务包含了命名实体识别、超标记、机器翻译和文本摘要。

最后,第6章介绍了基于深度学习模型的海洋数据分析,分别聚焦在如何使用 CNN 实现海洋峰前识别及海洋表面温度 LSTM 预测方面。

总之,本书可为计算机科学与技术、统计学和电子信息工程专业的高年级学生(大学生或研究生)提供参考,可以作为对深度学习感兴趣、正在研究深度学习的研究者的参考用书,也可以作为人工智能领域的研究者和致力于应用深度学习模型的研究者的参考用书。关于预备知识,读者应该了解基本的机器学习概念、多变量微积分、概率论和线性代数,同时具备计算机编程能力。

Kaizhu Huang
Amir Hussain
Qiu-Feng Wang
Rui Zhang
2018 年 3 月

目 录

第1章 隐藏变量的深度密度模型 ··· 1
- 1.1 概述 ··· 1
- 1.2 隐藏变量模型的浅层结构 ··· 4
- 1.3 具有隐藏变量的深层结构 ··· 13
- 1.4 期望最大化算法 ··· 22
- 1.5 结论 ··· 24
- 本章参考文献 ··· 24

第2章 深度RNNs结构:设计与评估 ··· 28
- 2.1 概述 ··· 29
- 2.2 相关工作 ··· 30
- 2.3 数据集 ··· 33
- 2.4 深度神经网络 ··· 34
- 2.5 RNNs神经元 ··· 43
- 2.6 结论 ··· 49
- 本章参考文献 ··· 50

第3章 基于深度学习的汉字手写体识别和中文文本手写体识别 ··· 54
- 3.1 概述 ··· 54
- 3.2 汉字手写体识别 ··· 56
- 3.3 中文文本手写体识别 ··· 66
- 3.4 结论 ··· 78
- 本章参考文献 ··· 79

第4章 深度学习及其在自然语言处理中的应用 ··· 86
- 4.1 概述 ··· 86
- 4.2 学习词汇表示 ··· 87

4.3 学习模型 ··· 89
4.4 深度学习的应用 ··· 92
4.5 自然语言处理的数据集 ··· 98
4.6 结论 ··· 100
本章参考文献 ·· 101

第5章 自然语言处理的深度学习 ·· 111

5.1 命名实体识别的深度学习 ·· 111
5.2 超标记的深度学习 ·· 115
5.3 机器翻译的深度学习 ··· 121
5.4 文本摘要的深度学习 ··· 127
5.5 结论 ··· 133
本章参考文献 ·· 133

第6章 基于深度学习模型的海洋数据分析 ··································· 140

6.1 概述 ··· 140
6.2 背景 ··· 141
6.3 利用深度学习模型进行海洋数据分析 ································ 145
6.4 结论 ··· 158
本章参考文献 ·· 158

第1章　隐藏变量的深度密度模型

本章介绍了基于贪婪分层无监督学习算法的具有隐藏变量的深度密度模型。深层模型的每层都使用1个只有1层隐藏变量的模型,如混合因子分析器(mixtures of factor analyzers,MFAs)和混合共载因子分析器(mixtures of factor analyzers with common loadings,MCFAs)。在这种背景下,本章对MFAs和MCFAs方法进行综述。通过对这2种方法的比较,共同加载被认为是1种特征选择或约束矩阵,因此共享共同加载具有重要的物理意义。重要的是,与MFAs相比,MCFAs可以显著减少自由参数的数量。本章描述了深层模型(deep MFAs和deep MCFAs)及其推论,表明贪婪分层算法是学习深度密度模型的1种有效方法,深度结构的效率比浅层结构高得多(有时是指数级的)。从密度估计和聚类两方面分别对2种浅层模型和2种深层模型的性能进行评价,并将深层模型与相对应的浅层模型进行比较。

1.1　概　　述

密度模型为估计数据分布提供了1个框架,因此成为设计机器的核心理论方法之一(Rippel和Adams,2013;Ghahramani,2015)。最基本的概率方法采用隐藏变量揭示数据结构,为后续的判别学习获取特征。隐藏变量模型在机器学习、数据挖掘和统计分析中有着广泛应用。在机器学习进展中,1个中心任务是如何估计对复杂结构数据类型(如文本、图像和声音)进行建模的深层结构。深度密度模型一直是构造复杂密度估计的热点。已有的模型(概率图形模型)不仅在理论上证明了深层结构对复杂结构数据的先验性优于浅层结构,而且在预测、重构、聚类和仿真等方面具有实际意义(Hinton等,2006;Hinton和Salakhutdinov,2006)。然而,由于具有大量的自由参数和复杂的推理过程,深层结构在实践中经常遇到计算困难的问题(Salakhutdinov等,2007)。

为此,贪婪分层学习算法是1种学习由许多隐藏变量层组成的深层结构的有效方法。应用这种算法时,通过使用只有1层隐藏变量的模型来学习第1层,可以将相同方案扩展到同时训练的后续各层。与以往的算法相比,该算法通过在连续层之间共享参数,减少了自由参数的数量,并且目标函数简洁,简化了推理过程。具有隐藏变量的深度密度模型常被用来解决无监督任务。在许多应用中,这些密度模型的参数由最大似然算法确定,最大似然算法通常采用期望最大化(expectation maximization,EM)算法(Ma 和 Xu,2005;Do 和 Batzoglou,2008;McLachlan 和 Krishnan,2007)。在1.4节中EM是1种有效的算法,它可以为具有隐藏变量的模型找到最大似然解。

1.1.1 隐藏变量深度密度模型

密度估计是机器学习中的1个主要任务,一般来说,最常用的方法是最大似然估计(maximum likelihood estimation,MLE)准则。通过该方法可以建立1个似然函数:

$$L(\mu,\Sigma) = \sum_{n=1}^{N} \ln p(y_n \mid \mu,\Sigma)$$

式中,y_n 为 N 的观测数据;μ 为均值;Σ 为协变量。

然而,因为 Σ 的维度很高,直接计算似然函数非常困难。因此,定义1组变量 x 对应多个 y,当 $p(x)$ 的分布确定后,$p(y)$ 可以由 y 和 x 的联合分布确定,就不需要 Σ 了。在这个设置中,假设 x 影响显性变量(可观察变量),但它不是直接可观察的,因此 x 被称为隐藏变量(Loehlin,1998)。重要的是,隐藏变量的引入允许简单的组件形成复杂的分布。

在统计学上,变量模型是1种概率模型,它表示1组隐藏变量的存在,并将它与显性变量联系起来(Vermunt 和 Magidson,2004)。这些模型通常根据显性变量和隐藏变量是离散的还是连续的来分类,见表1.1(Galbraith 等,2002;Everett,2013),其中隐藏变量被视为1个多项式分布。同时,变量模型被广泛应用于数据分析,特别是在重复观测、多层次数据和平行数据的情况下(Bishop,1998)。本章将介绍基于离散隐藏变量的有限混合模型(见1.2节),有限混合模型是多个密度函数的凸组合,并引出了1种有限数量隐藏分类的异质性表达,如混合因子分析器(Ghahramani 和 Hinton,1996)和混合共载因子分析器(Baek 等,2010)。

表1.1 显性变量和隐藏变量分类

显性变量	隐藏变量	
	连续	离散
连续	因子分析	隐藏概要分析
离散	隐藏特质分析	隐藏类别分析

1.1.2 通过贪婪的分层学习算法实现深层结构

隐藏变量模型通常表示为1个浅层结构,只有1个可见层和1个隐藏层,如有向不循环图,如图1.1所示。如1.2.4节所示,浅层结构在实践中取得了良好的效果。尽管如此,浅层结构也有1个严重的问题,即在处理复杂的结构数据或大量的隐藏单元时效率非常低(Bengio等,2007)。相反,深层结构具有多个隐藏层,有助于更好地学习复杂隐藏单元的表示。图1.2所示的有向深度结构多层有向不循环图是1个深密度模型,它有3个隐藏层和1个可见层。此外,深层结构减少了人工操作,这是1个非常耗时的过程,并且需要专家知识。

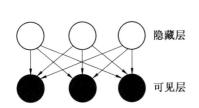

图1.1 有向不循环图

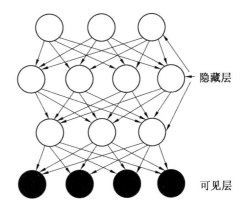

图1.2 有向深度结构多层有向不循环图

然而,当1个多层结构构建数据的生成模型时,很难1次训练所有层(Arnold和Ollivier,2012)。为此,使用贪婪分层方法来训练深度生成模型,使用相同的准则从底层开始优化每一层,并将问题向上转移到下一层,即所谓的分层学习算法(Arnold和Ollivier,2012)。因此,隐藏变量模型可以成为深层结构的理想标准,并为构建更复杂的概率分布提供框架(Bengio等,

2009)。具体来说,虽然 1 个深度隐藏变量模型有多个隐藏变量层,但该学习过程只是使用 1 个只有 1 层隐藏变量的模型来优化每一层(Tang 等,2012)。此外,深层结构也可用于有限混合模型,这意味着每个变量层都假定来自具有多个分布的显性变量。深度密度模型在许多学科中具有非常重要的现实意义,尤其是在无监督学习中受到了广泛关注(Patel 等,2015;Tang 等,2013;Yang 等,2017)。

1.1.3 无监督学习

实际应用中,带有隐藏变量的深度密度模型通常用于解决无监督任务,特别是在降维和聚类方面。带有隐藏变量的深度密度模型是 1 种概率算法,它对观测数据密度进行建模,并假设存在一些隐藏/不可观察的过程来管理数据生成。聚类是将相似的数据放在一起的 1 种方法,概率无监督学习建立了描述项目聚类的生成模型。其中,每个簇可以表示为 1 个精确的组件分布(1 个深层模型的多个分布),因此每个数据都是由组件的选择产生的(Law 等,2004;Figueiredo 和 Jain,2002)。其思想是,属于同一簇的所有相同类型的数据(都来自相同的分布)或多或少是等价的,它们之间的任何差异都是偶然的(Bishop,2006)。

在降维过程中,可以通过观测隐藏变量的简单条件分布构成 1 个复杂分布。重要的是,隐藏变量的维度总是低于显性变量的维度。因此,可将高维显性变量简化为低维隐藏变量来表示模型。

1.2 隐藏变量模型的浅层结构

本节将介绍带有隐藏变量的密度模型,这些模型明确展示了模型的推论如何与深层体系结构单层中的操作相对应,密度模型广泛应用于数据挖掘、模式识别、机器学习和统计分析等领域。密度模型作为 1 种基本模型,因子分析(factor analysis,FA)常被用来定义数据的密度分布,以推广高斯混合模型(Everitt,1984)。MFAs 是 1 种改进的密度估计器,它将其中的变量表示为在不同低维流形中的高斯分布,特别是 MFAs 可以同时对数据进行聚类和降维(Montanari 和 Viroli,2011;McLachlan 和 Peel,2000)。利用 MFAs 的类似思想,通过共享 1 个公共组件加载,MCFAs 也可以作为另一个混合框架。重要的是,与 MFAs 所有成分的隐藏因素指定多元标准正态先验假设不同,MCFAs 利用每个隐藏单位的高斯密度分布,其均值和协方差可以从数据中得知。另外,共享所有组件的公共因子加载会显著减少参数。然而,由于 1 个共同因素加载可以被认为是 1 个特征选择或降维矩阵,因此它可以很好地得到证明,并且在物理上更有意义(Baek 和 McLachlan,2011;Tortora 等,2016)。由于 MFAs 和 MCFAs 的实现涉及将假设的子群体归因于单个观察的步骤,因此这些模型通常用于无监督学习或聚类过程,并取得了令人印象深刻的性能(Mclanchlan 等,2003;Yang 等,2017)。

1.2.1 符号

本节首先考虑在多维空间中确定组/簇的问题。假设 1 个数据集 y 包含 N 个观测值,其中每个特征变量有 1 个 p 维向量 $\{y_1, y_2, \cdots, y_p\}$。通过引入隐藏变量,分布 $p(y)$ 可以用隐藏变量 z 的 1 个 q 维向量 $\{z_1, z_2, \cdots, z_q\}$ 表示,其中 q 相较于 p 很小(Smaragdis 等,2006)。通过这一过程,将联合分布 $P(y,z)$ 分解为给定隐藏变量特征变量的条件分布和隐藏变量 $P(z)$ 边缘分布的乘积(Bishop,1998):

$$P(y,z) = p(y \mid z)p(z) = p(z)\prod_{i=1}^{p} p(y_i \mid z) \tag{1.1}$$

如图 1.3 所示,隐藏变量模型可以用有向图图形化表示,特征变量 y_i 独立于隐藏变量 z。

通过考虑 C 多项分布的混合物,可以将 y 的密度建模为有限的混合物模型:

$$P(y;\boldsymbol{\theta}) = \sum_{c=1}^{C} \pi_c p(y \mid c;\boldsymbol{\theta}_c) \tag{1.2}$$

式中,$c = 1, \cdots, C$。

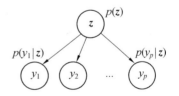

图 1.3　有向图图形化

式(1.2)分布被称为该模型的组成部分(或观测的子群),并描述了 p 变量密度函数(Figueiredo 和 Jain,2002)。混合分布可以用简单的图形表示,如图 1.4 所示。这些组成部分必须属于同一参数组的分布,但有不同的参数 $\boldsymbol{\theta}$。$\boldsymbol{\theta}_c$ 表示与成分 c 相关联的观测参数,如果混合成分服从高斯分布,那么每个成分有不同的均值和方差。此外,参数

图 1.4　混合分布

是贝叶斯设置下的随机变量,变量的先验概率分布为 $p(\boldsymbol{y}\mid c;\boldsymbol{\theta}_c)$（Bishop,1998;Loehlin,1998）。$\pi_c = p(c)$ 表示 c 的混合权重,并且满足概率之和为 1。

将模型混合技术与隐藏变量的思想结合,得到混合隐藏变量模型（Fokoué,2005）。由此得到联合分布 $P(\boldsymbol{y},\boldsymbol{z})$:

$$P(\boldsymbol{y},\boldsymbol{z}) = \sum_{c=1}^{C} p(\boldsymbol{y}\mid p(c),\boldsymbol{z})p(c)p(\boldsymbol{z}\mid c) = \sum_{c=1}^{C} \pi_c p(\boldsymbol{z}_c) \prod_{i=1}^{p} p(y_i\mid \boldsymbol{z}) \quad (1.3)$$

$p(\boldsymbol{y},\boldsymbol{z})$ 贝叶斯网络如图 1.5 所示。图中,特征变量 y_i 有条件地独立于给定的混合权重 c 和隐藏变量 $\boldsymbol{z}$。该模型采用离散隐藏变量的显式计算,因此积分可以用求和代替。

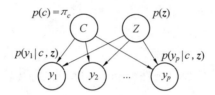

图 1.5　$p(\boldsymbol{y},\boldsymbol{z})$ 贝叶斯网络

1.2.2　因子分析混合

全局非线性潜变量模型称为混合因子分析器。MFAs 是对传统因子分析的扩展,其思想是对有限混合分布的分析。为了将观察结果独立地分离成 c 个不重叠的组件,MFAs 方法被建模为

$$\boldsymbol{y} = \sum_{c=1}^{C} \boldsymbol{\mu}_c + \boldsymbol{W}_c \boldsymbol{z} + \boldsymbol{\varepsilon}_c \quad (1.4)$$

概率为 $\pi_c(c=1,\cdots,C)$,$\pi_c = p(c)$ 为混合比例。式中,$\boldsymbol{\mu}_c$ 为与成分 c 相关联 p 维的平均向量;$\boldsymbol{W}_c$ 为第 c 个分量的 $p \times q$ 因子加载矩阵,其中 $q < p$。

每个隐藏因子 $\boldsymbol{z}$ 满足均值为 0、协方差矩阵为 $q \times q$ 维 $N(0,\boldsymbol{I}_q)$ 的独立分布。噪声模型 $\boldsymbol{\varepsilon}_c$ 也是独立的,满足均值为 0、协方差矩阵为 q 维 $N(0,\boldsymbol{\Psi}_c)$ 的高斯分布。给定隐藏变量和成分表示变量,观测的条件分布 $p(\boldsymbol{y}\mid c,\boldsymbol{z})$ 遵循 1 个高斯分布,其均值为 $\boldsymbol{W}_c \boldsymbol{z} + \boldsymbol{\mu}_c$,方差为 $\boldsymbol{\Psi}_c$。

联合分布由 $p(\boldsymbol{y}\mid c,\boldsymbol{z})p(\boldsymbol{z}\mid c)p(c)$ 给出,观测数据的密度 $p(\boldsymbol{y};\boldsymbol{\theta})$ 是通过对所有混合成分求和得到的。那么,通过对隐藏变量的边缘化得到 MFAs 模型:

第1章 隐藏变量的深度密度模型

$$p(y \mid c) = \int_z p(y \mid c, z) p(z \mid c) \mathrm{d}z = N(y; \mu_c, W_c W_c^\mathrm{T} + \Psi_c) \quad (1.5)$$

$$P(y; \theta) = \sum_{c=1}^{C} \pi_c p(y \mid c, z) p(z \mid c) = \sum_{c=1}^{C} \pi_c N(y; \mu_c, W_c W_c^\mathrm{T} + \Psi_c) \quad (1.6)$$

式中,θ 为模型参数向量,它由混合权重 π_c、因子载荷 W_c 和成分的协方差矩阵 Ψ_c 组成(Montanari 和 Viroli,2011)。c 中任意一个模型参数向量 θ_c 可以表示为

$$\theta_c = \begin{pmatrix} \pi_c \\ \mu_c \\ W_c(\mathrm{vec}) \\ \Psi_c(\mathrm{diag}) \end{pmatrix}_{c=1}^{C} \quad (1.7)$$

因此,MFAs 可以看作 1 个全局非线性潜变量模型,其中高斯因子 C 是通过数据拟合得到的。

1. 最大似然

在确定最佳拟合分布(式(1.6))后,对该分布的参数进行估计,最大似然估计是 1 种常用的概率分布参数估计方法,即 MLE 可以理解为通过估计参数值来最大化样本似然函数,这些未知参数被包含在 1 个向量 θ_c 中(式(1.7))。一般来说,MLE 的目标是最大化样本数据的似然函数。假设有 1 个独立同分布随机变量的样本,$\{y_1, y_2, \cdots, y_N\}$ 由 MFAs 模型(式(1.6))描述。基本似然函数定义为

$$P(y; \theta) = \sum_{c=1}^{C} \pi_c \prod_{i=1}^{N} N(y_n; \mu_c, W_c W_c^\mathrm{T} + \Psi_c) \quad (1.8)$$

由于求乘积的最大值非常烦琐,因此常使用对数将乘法转换成求和。由于对数是 1 个递增的函数,它相当于对数似然的最大化(Montanari 和 Viroli,2011)。

$$L(\theta) = \log P(y; \theta) = \sum_{c=1}^{C} \sum_{n=1}^{N} \log\{\pi_c N(y_n \mid \mu_c, W_c W_c^\mathrm{T} + \Psi_c)\} \quad (1.9)$$

$$\hat{\theta} = \arg\max_{\theta} L(\theta) \quad (1.10)$$

式中,$L(\theta)$ 为对数似然最大时的 $\hat{\theta}$ 表示估计的参数。

2. 最大后验

最大后验(maximum a posteriori,MAP)是 1 种在概率分布假设中估计变量的方法。MAP 与 MLE 密切相关,可以看作 MLE 的正则化。然而,MAP 更关注后验概率,而不仅是似然函数。同理,MAP 通常采用贝叶斯假设,通过回顾贝叶斯准则可以找到分量的后验信息:

$$q(z,c\mid y) = q(z\mid y,c)q(c\mid y) \tag{1.11}$$

$$q(c\mid y) = \frac{p(y\mid c)p(c)}{\sum_{h=1}^{C} p(y\mid h)p(h)} \propto p(y\mid c)p(c) \tag{1.12}$$

更具体来说,隐藏因子的后验信息也是给定 y 和 c 在 z 上的多元高斯密度函数:

$$q(z\mid y,c) = N(z;\boldsymbol{\kappa}_c,V_c^{-1}) \tag{1.13}$$

$$V_c^{-1} = I + W_c^{\mathrm{T}} \boldsymbol{\Psi}_c W_c$$

$$\boldsymbol{\kappa}_c = V_c^{-1} W_c^{\mathrm{T}} \boldsymbol{\Psi}_c^{-1}(y - \boldsymbol{\mu}_c) \tag{1.14}$$

可以通过选择具有最大后验概率的分量 c 来进行点估计:

$$\hat{c} = \arg\max_{c} p(c)p(c\mid y) \tag{1.15}$$

MLE(式(1.10))中的似然估计可以用后验概率代替,MAP 将回到 MLE 方程:

$$\hat{\boldsymbol{\theta}}_{\mathrm{MAP}} = \arg\max_{\theta} \sum_{c=1}^{C} \sum_{n=1}^{N} \log\{p(y\mid c)p(c)\} = \hat{\boldsymbol{\theta}}_{\mathrm{MLE}} \tag{1.16}$$

1.2.3 同因子加载的因子分析混合

假设观测值 y 服从高斯分布 $N(y;\boldsymbol{\mu}_c,\boldsymbol{\Sigma}_c)$。MCFAs 作为 1 种特殊的 MFAs,进一步增加额外约束:

$$\boldsymbol{\mu}_c = A\boldsymbol{\xi}_c, \quad \boldsymbol{\Sigma}_c = A\boldsymbol{\Omega}_c A^{\mathrm{T}} + \boldsymbol{\Psi},$$

$$\boldsymbol{\Psi}_c = \boldsymbol{\Psi}, \quad W_c = AK_c \tag{1.17}$$

通过重写式(1.4)得到 1 个新的线性模型:

$$y = \sum_{c=1}^{C} Az_c + \boldsymbol{\varepsilon}, \quad 概率 \pi_c(c=1,\cdots,C) \tag{1.18}$$

式中,A 为 $p \times q$ 的同加载矩阵;z_c 为隐藏变量或隐藏因子。与 MFAs 的隐藏因子不同,A 可以看作 1 个全局变换矩阵,每个隐藏因子上的高斯分布的均值和协方差可以从式(1.18)中得知。这些设置不仅极大地减少了参数,而且能准确地估计密度。此外,MFAs 的多元标准高斯先验可能会限制其灵活性。

为了使用上述框架,MCFAs 被定义为 1 个有向生成模型:

$$p(c) = \pi_c, \quad \sum_{c=1}^{C} \pi_c = 1, \tag{1.19}$$

$$\boldsymbol{\varepsilon} \sim N(0, \boldsymbol{\Psi}), \quad y\mid c,z \sim N(Az_c, \boldsymbol{\Psi})$$

式中,$\boldsymbol{\Psi}$ 为 $p \times p$ 对角矩阵代表独立噪声的方差;c 为所有 C 个成分混合的成分索引,$p(c) = \pi_c$ 是混合比例。给定 c 的隐藏因子 z 的先验遵循高斯密度分布:

第1章 隐藏变量的深度密度模型

$$p(z \mid c) = N(z_c; \boldsymbol{\xi}_c, \boldsymbol{\Omega}_c)$$

式中,$\boldsymbol{\xi}_c$ 为 q 维向量;$\boldsymbol{\Omega}_c$ 为 $q \times q$ 维正定对称矩阵。

根据上式,给定 c 的 $\boldsymbol{y}$ 的密度可以通过对隐藏变量 z 积分得到,写成浅层形式:

$$p(\boldsymbol{y} \mid c) = \int_z p(\boldsymbol{y} \mid c, z) p(z \mid c) \mathrm{d}z = N(\boldsymbol{y}; \boldsymbol{\mu}_c, \boldsymbol{\Sigma}_c),$$
$$\boldsymbol{\mu}_c = \boldsymbol{A}\boldsymbol{\xi}_c, \quad \boldsymbol{\Sigma}_c = \boldsymbol{A}\boldsymbol{\Omega}_c \boldsymbol{A}^\mathrm{T} + \boldsymbol{\Psi} \tag{1.20}$$

通过对观测数据 $\boldsymbol{y}$ 的联合分布 $p(\boldsymbol{y} \mid c, z) p(z \mid c) p(c)$ 的求和,得到混合后的 MCFAs 模型的边缘密度:

$$p(\boldsymbol{y}) = \sum_{c=1}^{C} p(c) p(\boldsymbol{y} \mid c)$$

$$P(\boldsymbol{y}; \boldsymbol{\theta}_c) = \sum_{c=1}^{C} \pi_c N(\boldsymbol{y}; \boldsymbol{A}\boldsymbol{\xi}_c, \boldsymbol{A}\boldsymbol{\Omega}_c \boldsymbol{A}^\mathrm{T} + \boldsymbol{\Psi})$$

显然,MCFAs 模型也是 1 个具有约束均值和协方差的多元高斯模型。这里的参数向量由全局参数 c、同加载矩阵 $\boldsymbol{A}$、协方差矩阵 $\boldsymbol{\Psi}$ 组成,这些参数可以表示为

$$\boldsymbol{\theta}_c = \begin{pmatrix} \pi_c \\ \boldsymbol{\xi}_c(\mathrm{vec}) \\ \boldsymbol{\Omega}_c(\mathrm{Sym}) \end{pmatrix}_{c=1}^{C} \tag{1.21}$$

1. 最大似然

1.2.2 节介绍了 MFAs 的 MLE,用同样的推理过程来处理 MCFAs 的 MLE。采用 MCFAs 模型(式(1.21))描述独立同分布随机变量样本。对数似然函数可以表示为

$$L(\boldsymbol{\theta}) = \log P(\boldsymbol{y}; \boldsymbol{\theta}) = \sum_{c=1}^{C} \sum_{n=1}^{N} \log \{\pi_c N(\boldsymbol{y}_n \mid \boldsymbol{A}\boldsymbol{\xi}_c, \boldsymbol{A}\boldsymbol{\Omega}_c \boldsymbol{A}^\mathrm{T} + \boldsymbol{\Psi})\} \tag{1.22}$$

当对数似然值最大时,函数的最大化方程为

$$\hat{\boldsymbol{\theta}} = \arg \max_{\boldsymbol{\theta}} L(\boldsymbol{\theta}) \tag{1.23}$$

在隐藏变量模型中寻找最大似然估计的一般方法是期望最大算法。1.4 节中将直接使用 EM 算法进行最大似然估计。

2. 最大后验

在最大后验中,后验公式可以用贝叶斯形式表示:

$$q(c \mid \boldsymbol{y}; \boldsymbol{\theta}_c) = \frac{\pi_c N(\boldsymbol{y}; \boldsymbol{A}\boldsymbol{\xi}_c, \boldsymbol{A}\boldsymbol{\Omega}_c \boldsymbol{A}^\mathrm{T} + \boldsymbol{\Psi})}{\sum_{h=1}^{C} \pi_h N(\boldsymbol{y}; \boldsymbol{A}\boldsymbol{\xi}_h, \boldsymbol{A}\boldsymbol{\Omega}_h \boldsymbol{A}^\mathrm{T} + \boldsymbol{\Psi})} \tag{1.24}$$

成分 c 可以通过最大后验概率来选择：
$$\hat{c} = \arg\max_{c} p(c)q(c\mid y;\boldsymbol{\theta}_c) \quad (1.25)$$

考虑隐藏因子的后验是 z 在给定观测值 y 和成分 c 上的多元高斯密度函数：
$$q(z\mid y,c) = N(z;\boldsymbol{\kappa}_c, V_c^{-1}) \quad (1.26)$$

其中
$$V_c^{-1} = \boldsymbol{\Omega}_c^{-1} + A^{\mathrm{T}}\boldsymbol{\Psi}^{-1}A,$$
$$\boldsymbol{\kappa}_c = \boldsymbol{\xi}_c + V_c^{-1}A^{\mathrm{T}}\boldsymbol{\Psi}^{-1}(y - A\boldsymbol{\xi}_c) \quad (1.27)$$

更具体来说，各成分的混合后验概率可由 $p(c\mid y;\boldsymbol{\theta}_c) = pr\{\omega_c = 1 \mid y\}$ 表示，其中如果 y 属于第 c 个成分，则 $\omega_c = 1$，否则 $\omega_c = 0$。

1.2.4　无监督学习

MFAs 模型可以通过局部线性假设对数据进行降维处理，因此模型将不同簇的点转化为不同的子空间，如图 1.6 所示，原则是从相同的簇中找到最大程度的相似点。图 1.6 中，不同的颜色代表不同的簇，MCFAs 模型通过全局线性假设对数据进行降维处理，可以将不同的簇转化为子空间，同时进行聚类，如图 1.7 所示。图 1.7 中，MCFAs 同时进行降维和聚类，不同的颜色代表不同的簇。与 MFAs 不同的是，MCFAs 不仅遵循相似度最大化的原则，还遵循簇之间距离最大化的原则。

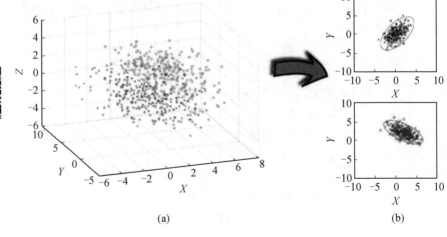

图 1.6　聚类和降维示意图

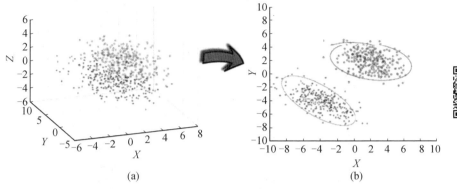

图1.7 聚类和降维示意图

对各种数据集进行大量实验,以评估这2种算法的性能,包括人造数据、灰色图像和数字化航空图像,以下数据集用于实验。

(1) ULC-3。该数据集用来对高分辨率航空图像进行分类,该图像包含3种类型、273个训练样本、77个测试样本和147个属性(Johnson 和 Xie,2013;约翰逊,2013)。

(2) Coil-4-proc。该数据集包含4个无背景的对象图像,每个对象有72个样本(Nene 等,1996)。图像被欠采样为 32×32,然后重新整形为1 024维向量。训练集只有248个样本,测试集有40个样本。

(3) Leuk 72_3k。该数据集是1个人造数据集,包括3个类,它们是从随机生成的高斯混合数据中抽取的。Leuk 72_3k 有54个训练样本和18个具有39个属性的测试样本。

(4) USPS1-4。该数据集包含1~4位数、像素大小为 16×16 的图像,每幅图像都被重新构造成1个256维的向量。训练集包括100个样本,测试集包括每个数字的100个样本。

1. 实验结果

有限混合模型能够表示复杂的概率密度函数,这使得它成为表示复杂条件聚类函数的最佳选择(Figueiredo 和 Jain,2002)。在对观测数据的密度建模后,一般以平均似然对数作为检验密度估计的标准。实验结果表明,在训练数据的基础上,无论是MFAs还是MCFAs,通过最大似然估计都可以估计模型参数。经过多次实验,各种真实数据(训练集)的对数似然性能如图1.8所示。为了直观地观察整个实验结果的趋势,对图像结果做对数处理,将所有结果控制在同一范围内。在测试数据上,仅使用模型得到的平均似然对数经过训练,没有更新模型参数,结果如图1.9所示。从2种结果的比较来看,MCFAs模型得到的平均似然对数低于所有数据集上的MFAs。因此,通过加载可以显著提高对数似然估计。

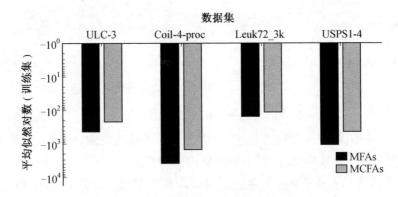

图1.8　各种真实数据(训练集)的对数似然性能

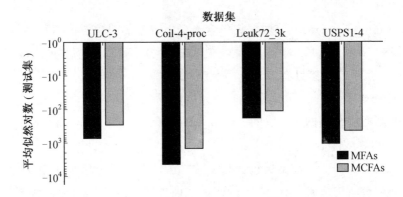

图1.9　各种真实数据(测试集)的对数似然性能

2. 聚类

本节对训练集和测试集的聚类错误率进行验证,并通过多次实验展示最佳结果。在实验中,MFAs和MCFAs初始为随机分类,混合的数量设置为与实际类别的数量相同。如图1.10所示,对比MFAs和MCFAs在训练集上的结果,2种方法在Coil-4-proc数据集上的结果没有显著差异,甚至在Leuk72_3k数据集上也得到了相同的结果。然而,对比图1.11所示的结果,MCFAs在测试集上仍然保持良好的性能。总体来说,MCFAs的成绩比MFAs好。

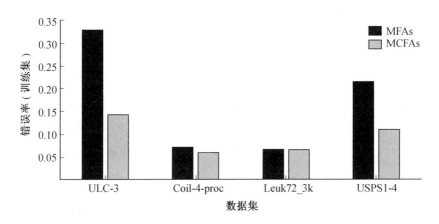

图 1.10　各种真实数据(训练集)的聚类错误率

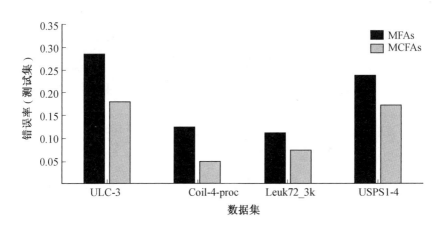

图 1.11　各种真实数据(测试集)的聚类错误率

1.3　具有隐藏变量的深层结构

在 1.2 节中定义了浅层结构,并展示了优化单层结构的推导过程,本节考虑如何通过定义深度密度模型来扩展浅层模型(坍塌模型)。首先,深层结构需要有很多层的隐藏变量;其次,采用高效的贪婪分层算法进行参数学习。本节将描述 2 种深度密度模型:在每个隐藏层中采用 MFAs 分析因子(deep mixtures of factor analyzers,DMFAs) 的深层混合 (McLachlan 和 Peel, 2000; Tang 等,2012) 和采用 MCFAs 共加载因子(deep mixtures of factor analyzers with common loadings，DMCFAs)的深层混合(Yang 等,2017)。这 2 种深层模型都是直接生成模型,并使用分层的训练过程作为近似。将观测向量和第一隐藏层作为 MFAs/MCFAs 模型,采用无监督的学习参数。在确定第 1 层参数后,通过对当前层 MFAs/MCFAs 的隐藏单元采样来代替下一层 MFAs/MCFAs 的先验,同样的方法可以扩展到训练后续层。与具有相同比例混合的浅层模型相比,深层模型的自由参数更少,推理过程更简单。一方面,相邻层的成分共享参数;另一方面,大规模的混合会使浅层模型的目标函数过于复杂。

1.3.1 因子分析的深度混合

在阐述 MFAs 模型之后,本节展示如何将 MFAs 构造成 1 个深入的体系结构。在浅层模型中,MFAs 中的每个 FA 在因子上都有 1 个各向同性的高斯先验,在每个训练样本上都有 1 个高斯后验。然而,对于多数训练样本,当 1 个后验值被聚合时,后验值通常是非高斯的。如果将每个 FA 的先验替换为 1 个单独的混合模型,这个混合模型可以通过学习完成对 1 个聚类后验模型的建模,而不是对 1 个各向同性高斯模型的建模,其示意图如图 1.12 所示。图 1.12(a) 中,下层某一成分的聚类后验不是高斯分布;图 1.12(b) 中,较高层有能力对较低层的尾部进行更好的聚类。因此,它可以通过训练数据的对数概率改善变量下界(McLachlan 和 Peel,2000;Tang 等,2012)。在此基础

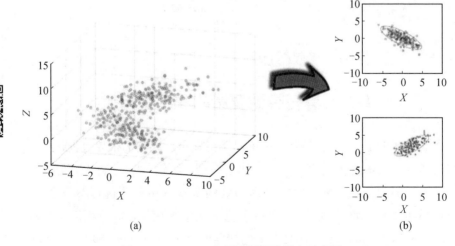

图 1.12　DMFAs 高层聚类降维混合示意图

上,将混合结果中的 FA 替换为 MFAs 模型(Tang 等,2012),构建了 DMFAs 模型,甚至也将下一次混合中的 FA 替换为 MFAs 模型。

双层 DMCFAs 的模型如图 1.13 所示,其中关键是对当前层后验分布的数据进行采样,并将其作为下一层的训练数据,DMFAs 是 1 种利用多层分析因子建立的深层定向模型,每一隐藏层均采用 MFAs 模型。

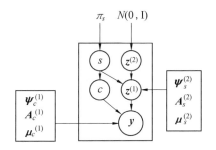

图 1.13 双层 DMFAs 的模型

观测值 y 和第一隐藏层的因子 z 被视为 MFAs,第 1 层参数 $\boldsymbol{\theta}^{(1)}$(上标表示这些变量属于哪一层)使用非监督学习方法。由

$$\frac{1}{N}\sum_{n=1}^{N} p(z^n, c_n = c \mid y_n)$$

给出了指定成分 c 的 z 因子的聚类后验。对于第 2 层,将对后验分布进行采样的 $z^{(1)}$ 和 $\hat{c}$ 作为训练数据(式(1.13)和式(1.15))。那么,1 个更有效的 MFAs 先验代替标准的多元先验:

$$p(z \mid c) = P_{\text{MFAs}}(z_c^{(1)}; \boldsymbol{\theta}_{c_s}^{(2)}) \tag{1.28}$$

同样的方法可以扩展到训练后续各层。

在第 2 层中,需要定义新的符号,1 个 q 维向量 $z^{(1)}$ 作为第 2 层的数据输入;$\boldsymbol{\theta}_{c_s}^{(2)}$ 是第 2 层中特定于第 1 层 MFAs 成分 c 的 1 个新参数向量;层因子表示为 d 维向量 $z^{(2)}$;s 是 1 个新的子成分索引,子成分总数满足 $S = \sum_{c=1}^{C} M_c (m_c = 1, \cdots, M_c)$,$M_c$ 表示第 c 成分对应的子成分数;第 2 层混合比例 $p(s) = \pi_s^{(2)}$ 可以定义为 $p(c_s)p(s \mid c_s)$,$\sum_{s=1}^{S} \pi_s^{(2)} = 1$,$c_s$ 表示对应于成分 c 的子成分。那么,DMFAs 先验可以表示为

$$p(z; c) = p(c)p(m_c \mid c)p(z \mid m_c) \tag{1.29}$$

向量 $z^{(1)}$ 的密度服从 $z^{(2)}$ 和 s 的联合密度:

$$p(z^{(1)},z^{(2)},s) = p(z^{(1)},c \mid z^{(2)},s)p(z^{(2)} \mid s)p(s) \quad (1.30)$$

$$p(z^{(1)},c \mid s,z^{(2)}) = N(z^{(1)};W_s^{(2)}z^{(2)}+\mu_s^{(2)},\Psi_s^{(2)})$$

$$p(z^{(2)} \mid s) = N(0,I) \quad (1.31)$$

其中,新的参数向量 $\theta_{c_s}^{(2)}$ 由 $W_s^{(2)} \in \mathbf{R}^{q \times d}$、$\Psi_s^{(2)} \in \mathbf{R}^{q \times q}$、$\mu_s^{(2)} \in \mathbf{R}^q$ 和 $z^{(2)} \in \mathbf{R}^d$ 组成,d 表示第 2 层的 d 维子空间,$d < q$。

具体来说,由于每个 s 只能属于唯一的 1 个 c,因此得到了给定 $z^{(1)}$ 和 c 的观测数据 y 的高斯密度为

$$(y \mid c, z^{(1)}) = N(y; W_c^{(1)} z^{(1)} + \mu_c^{(1)}, \Psi_c^{(1)}) \quad (1.32)$$

式中,$W_c^{(1)} \in \mathbf{R}^{p \times q}$、$\Psi_c^{(1)} \in \mathbf{R}^{p \times p}$、$\mu_c^{(1)} \in \mathbf{R}^p$、$z^{(1)} \in \mathbf{R}^q$ 为第 1 层参数。

1. 推理

为了便于推理,后验分布的计算方法与式(1.11)和式(1.13)类似:

$$q(z^{(2)}, s \mid z^{(1)}, c) = q(z^{(2)} \mid z^{(1)}, c, s) q(s \mid z^{(1)}, c) = N(z^{(2)}; \kappa_{c_s}^{(2)}, V_{c_s}^{(2)-1})$$

$$(1.33)$$

其中

$$V_{c_s}^{(2)-1} = I_d + W_{c_s}^{(2)\mathrm{T}} \Psi_{c_s}^{(2)-1} W_{c_s}^{(2)}$$

$$\kappa_{c_s}^{(2)} = V_{c_s}^{(2)-1} W_{c_s}^{(2)\mathrm{T}} \Psi_{c_s}^{(2)-1} (z^{(1)} - W_{c_s}^{(2)} \mu_c^{(2)}) \quad (1.34)$$

式中,下标强调的是第 1 层 c 成分特有的子成分 s;I_d 为 d 维的单位矩阵。

成分的后验可以表示为

$$q(s \mid z^{(1)}, c) \propto p(z^{(1)}, c \mid s) p(s) \quad (1.35)$$

$$\hat{s} = \arg\max_s p(s) q(s \mid z^{(1)}) \quad (1.36)$$

对于第 2 层,通过确定的第 1 层参数和式(1.10)的最大化,将 $p(z^{(1)})$ 和 $\hat{c}$ 作为输入数据和初始标记。根据式(1.28),DMFAs 试图找到 1 个更好的先验:

$$p(z \mid c) = p_{\mathrm{MPAs}}(z^{(1)} \mid \hat{c}; \theta_{c_s}^{(2)})$$

给定新的数据向量 $\{z_1^{(1)}, z_2^{(1)}, \cdots, z_q^{(1)}\}$,式(1.8)对第 2 层参数的最大化等价于最大化密度函数 $P(z^{(1)} \mid \hat{c}; \theta_{c_s}^{(2)})$。定义第 2 层的基本似然目标函数为

$$P(z^{(1)} \mid \hat{c}; \theta_{c_s}^{(2)}) = \sum_{s \in c} \pi_s \prod_{i=1}^{q} \{N(z_i^{(2)} \mid \mu_s^{(2)}, W_s^{(2)} W_s^{(2)\mathrm{T}} + \Psi_s^{(2)})\}$$

$$(1.37)$$

需要注意的是,在第 2 层中来自第 1 层 C 个分量的每个混合模型都可以单独更新,因为第 2 层的 S 个参数是不重叠的,只允许属于这 1 层对应于第 1 层

的成分为

$$\hat{\boldsymbol{\theta}}_{c_s}^{(2)} = \arg\max_{\theta_{c_s}^{(2)}} \log P(z^{(1)}; \boldsymbol{\theta}_{c_s}^{(2)}) \tag{1.38}$$

尽管 DMFAs 模型在实践中具有良好的性能,但它仍然存在许多缺点。具体来说,该模型对不同成分采用不同的加载矩阵,在实际应用中可能会导致过拟合。此外,DMFAs 也继承了 MFAs 的缺点,即假设各隐藏因子的先验服从标准高斯分布,这可能会限制其灵活性和准确性。

2. 浅层模型

通过整合隐藏因子,DMFAs 可以被分解成浅层形式。根据式(1.5),得到第 1 层因子 $z^{(1)}$ 积分后的浅层模型:

$$p(\boldsymbol{y} \mid z^{(2)}, s) = \int_{z^{(1)}} p(\boldsymbol{y} \mid c, z^{(1)}) p(z^{(1)} \mid s, z^{(2)}) p(z^{(2)} \mid s) \mathrm{d}z^{(1)}$$
$$= N(\boldsymbol{y}; W_c^{(1)}(W_s^{(2)} z^{(2)} + \boldsymbol{\mu}_s^{(2)}) + \boldsymbol{\mu}_c^{(1)}, W_c^{(1)} \boldsymbol{\Psi}_s^{(1)} W_c^{(1)\mathrm{T}} + \boldsymbol{\Psi}_c^{(1)}) \tag{1.39}$$

对 $z^{(2)}$ 进一步积分得到最终的浅层形式:

$$p(\boldsymbol{y} \mid s) = \int_{z^{(2)}} p(\boldsymbol{y} \mid z^{(2)}, s) \mathrm{d}z^{(2)} = N(\boldsymbol{y}; \boldsymbol{m}_s, \boldsymbol{\Sigma}_s) \tag{1.40}$$

$$\boldsymbol{m}_s = W_c^{(1)} \boldsymbol{\mu}_s^{(2)} + \boldsymbol{\mu}_c^{(1)}$$

$$\boldsymbol{\Sigma}_s = W_c^{(1)}(\boldsymbol{\psi}_s^{(2)} + W_s^{(2)} W_s^{(2)\mathrm{T}}) W_c^{(1)\mathrm{T}} + \boldsymbol{\Psi}_c^{(1)} \tag{1.41}$$

最后,将观测数据 $\boldsymbol{y}$ 的浅层模型的边缘密度用高斯混合给出:

$$p(\boldsymbol{y}) = \sum_{s=1}^{S} p(s) p(\boldsymbol{y} \mid s) = \sum_{s=1}^{S} \pi_s N(\boldsymbol{y}; \boldsymbol{m}_s, \boldsymbol{\Sigma}_s) \tag{1.42}$$

通常来说,$\boldsymbol{\theta}_s = \{\pi_s, \boldsymbol{\mu}_s, W_s, \boldsymbol{\Psi}_s, W_c, \boldsymbol{\mu}_c, \boldsymbol{\Psi}_c\}_{s=1, c=1}^{S, c}$ 代表 DMFAs 参数的浅层模型。

在这种情况下,用 $p(s \mid \boldsymbol{y}) = \pi_s p(\boldsymbol{y} \mid s)/p(\boldsymbol{y})$ 表示浅化 MFAs 的后验概率。对坍塌为浅层形式的隐藏因子 z_s 的后验分布为

$$q(z^{(2)}, s \mid \boldsymbol{y}) = N(z_s^{(2)}; \boldsymbol{\kappa}_s, V_s^{-1}) \tag{1.43}$$

$$V_s^{-1} = (W_s^{(2)} W_s^{(2)\mathrm{T}} + \boldsymbol{\Psi}_s^{(2)})^{-1} + W_c^{(1)\mathrm{T}} \boldsymbol{\Psi}_c^{(1)-1} A_c^{(1)} \tag{1.44}$$

$$\boldsymbol{\kappa}_s = W_s^{(2)t} \boldsymbol{\mu}_s^{(2)} + V_s^{-1} A^{(1)\mathrm{T}} \boldsymbol{\Psi}^{(1)-1}(\boldsymbol{y} - \boldsymbol{\mu}_c) \tag{1.45}$$

1.3.2 同因子加载的分析因子深度混合

同因子加载的分析因子深度混合也可以推广到 DMCFAs 模型的训练中。通过图 1.14 所示的上层混合模型可以发现,混合模型可以更好地对低层非高

斯后验成分进行建模,其中关键的改进是对每个 MCFAs 的混合成分使用相同的加载矩阵作为聚类的先验,这可能会进一步提高性能。由于 DMFAs 中使用不同的加载矩阵,当数据具有较大的特征维度和/或较小的观测值时,参数的数量可能无法管理。此外,不同的加载矩阵可能不是必须的,甚至是不必要的(Yang 等,2017)。

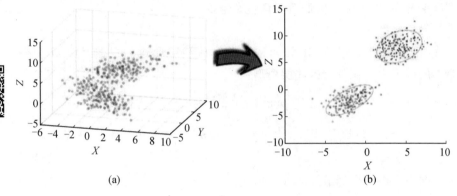

图 1.14　DMCFAs 上层混合模型示意图

图 1.15 所示为双层 DMFAs 模型,该模型由 2 个全局参数(加载因子和第 1 层的噪声协方差矩阵)构成。在下一层的每个隐藏单元中设置公共参数,与 DMFAs 相比,基于此设置的自由参数数量可以显著减少。DMCFAs 是 1 种基于多层分析因子的深度定向模型,该模型是在每个隐藏层中采用 1 个 MCFAs 模型而发展起来的。

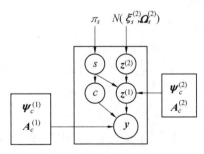

图 1.15　双层 DMFAs 模型

MCFAs 引入隐藏因子的均值和协方差矩阵,因此 DMCFAs 模型可能对具有大量簇或实例不足的任务非常有效。在数学表达式中定义 DMCFAs 模型。首先,利用 MCFAs 先验代替第 1 层隐藏因子的先验:

$$p(z \mid c) = P_{\text{MCFAs}}(z_c^{(1)}; \boldsymbol{\theta}_c^{(2)}) \tag{1.46}$$

式(1.46)与 DMFAs 的定义相同。具体来说，DMCFAs 模型可以写为

$$p(s) = \pi_s^{(2)}, \quad \sum_{s=1}^{S} \pi_s^{(2)} = 1 \tag{1.47}$$

$$p(z^{(2)} \mid s) = N(z^{(2)}; \boldsymbol{\xi}_s^{(2)}, \boldsymbol{\Omega}_s^{(2)}) \tag{1.48}$$

$$p(z^{(1)}, c \mid s, z^{(2)}) = N(z^{(1)}; \boldsymbol{A}_c^{(2)} z^{(2)}, \boldsymbol{\Psi}_c^{(2)}) \tag{1.49}$$

$$p(y \mid c, z^{(1)}) = N(y; \boldsymbol{A}^{(1)} z^{(1)}, \boldsymbol{\Psi}^{(1)}) \tag{1.50}$$

式中，$\boldsymbol{A}^{(1)} \in \mathbb{R}^{p \times q}$；$\boldsymbol{\Psi}^{(1)} \in \mathbb{R}^{p \times p}$；$z^{(1)} \in \mathbb{R}^q$；$\boldsymbol{A}_c^{(2)} \in \mathbb{R}^{q \times d}$；$\boldsymbol{\Psi}_c^{(2)} \in \mathbb{R}^{q \times q}$；$z^{(2)} \in \mathbb{R}^d$；$\boldsymbol{\xi}_s^{(2)} \in \mathbb{R}^d$；$\boldsymbol{\Omega}_s^{(2)} \in \mathbb{R}^{d \times d}$。其中在第 2 层中，对应于第 1 层的 1 个分量的子分量相同的加载和独立噪声的方差 $\boldsymbol{A}_c^{(2)}$ 和 $\boldsymbol{\Psi}_c^{(2)}$ 有下标 c。通常，与第 2 层隐藏变量的联合分布由下式给出：

$$p(z^{(1)}, z^{(2)}, s) = p(z^{(1)}, c \mid z^{(2)} \mid s) p(z^{(2)} \mid s) p(s) \tag{1.51}$$

同样的方法可以扩展到训练后续的 MCFAs 层。

至此，可以大致计算出自由参数的总数。在双层 DMCFAs 模型中，自由参数的总数为 $pq + cqd$ 的顺序，远小于 DMFAs 中 $cpq + sqd$ 的顺序，其中维数 q 远小于 p，成分数 s 通常为 c^2 的倍数。综上所述，典型的双层 DMCFAs 模型通常只使用 DMFAs 的 $1/c$ 参数。

1. 推理

对于 MAP 的推理，与 1.2.3 节第 2 小节中关于第 2 层参数的公式类似，下标强调的是第 1 层中特定成分 c 的子成分 s：

$$q(z^{(2)}, s \mid z^{(1)}, c) = N(z^{(2)}; \boldsymbol{\kappa}_{c_s}^{(2)}, \boldsymbol{V}_{c_s}^{(2)^{-1}}) \tag{1.52}$$

其中

$$\begin{aligned} \boldsymbol{V}_{c_s}^{(2)^{-1}} &= \boldsymbol{\Omega}_s^{(2)^{-1}} + \boldsymbol{A}_c^{(2)\mathrm{T}} \boldsymbol{\Psi}_c^{(2)^{-1}} \boldsymbol{A}_c^{(2)} \\ \boldsymbol{\kappa}_{c_s}^{(2)} &= \boldsymbol{\xi}_c^{(2)} + \boldsymbol{V}_{c_s}^{(2)^{-1}} \boldsymbol{A}_c^{(2)\mathrm{T}} \boldsymbol{\Psi}_c^{(2)^{-1}} (z^{(1)} - \boldsymbol{A}_c^{(2)} \boldsymbol{\xi}_c^{(2)}) \end{aligned} \tag{1.53}$$

成分的后验可以表示为

$$q(s \mid z^{(1)}, c) \propto p(z^{(1)}, c \mid s) p(s) \tag{1.54}$$

$$\hat{s} = \arg\max_s p(s) q(s \mid z^{(1)}) \tag{1.55}$$

在 MLE 中，通过对新观测值 $z_c^{(1)}$ 和参数 $\boldsymbol{\theta}_{c_s}^{(2)}$ 的估计得到对应于从第 1 层导出的第 c 个分量的混合模型最大似然：

$$P(z_c^{(1)}; \boldsymbol{\theta}_{c_s}^{(2)}) = \sum_{s \in c} \pi_s \prod_{i=1}^{q} \{ N(z_i^{(2)} \mid \boldsymbol{A}_c^{(2)} \boldsymbol{\xi}_c^{(2)}, \boldsymbol{A}_c^{(2)} \boldsymbol{\Omega}_s^{(2)} \boldsymbol{A}_c^{(2)\mathrm{T}} + \boldsymbol{\Psi}_c^{(2)}) \}$$

$$\tag{1.56}$$

式中,s 仅属于 1 个 c;q 表示新观测值的维数。新观测值 $z_c^{(1)}$ 的混合模型参数可以通过下式更新:

$$\hat{\boldsymbol{\theta}} c_s^{(2)} = \arg\max_{\theta c_s^{(2)}} \log P(\boldsymbol{z}_c^{(1)}; \boldsymbol{\theta}_{c_s}^{(2)}) \tag{1.57}$$

2. 浅层模型

虽然 DMCFAs 模型可以通过将每一层的因子加载矩阵相乘而变换到标准的浅层 MCFAs 中,但这 2 种模型的学习是完全不同的。在深层模型中,下层与上层的成分共享参数,与浅层模型相比,DMCFAs 更有效、更直接,浅层形式归因于先前隐藏层中成分的条件分布,而该隐藏层没有使用后续隐藏层的参数进行建模。此外,通过在层之间共享因子加载,可以显著降低过拟合的风险和学习的计算量。

通过对第 1 层因子 $z^{(1)}$ 进行积分,得到多元高斯密度

$$p(\boldsymbol{y} \mid \boldsymbol{z}^{(2)}, s) = N(\boldsymbol{y}; \boldsymbol{A}^{(1)}(\boldsymbol{A}_c^{(2)} \boldsymbol{z}^{(2)}), \boldsymbol{A}^{(1)} \boldsymbol{\Psi}_c^{(2)} \boldsymbol{A}^{(1)\mathrm{T}} + \boldsymbol{\Psi}^{(1)}) \tag{1.58}$$

对 $z^{(2)}$ 进一步积分得到标准 MCFAs 模型:

$$p(\boldsymbol{y} \mid s) = \int_{z^{(2)}} p(\boldsymbol{y} \mid \boldsymbol{z}^{(2)}, s) p(\boldsymbol{z}^{(2)} \mid s) \mathrm{d}\boldsymbol{z}^{(2)} = N(\boldsymbol{y}; \boldsymbol{m}_s, \boldsymbol{\Sigma}_s) \tag{1.59}$$

$$\boldsymbol{m}_s = \boldsymbol{A}^{(1)}(\boldsymbol{A}_c^{(2)} \boldsymbol{\xi}_s^{(2)}), \quad \boldsymbol{\Sigma}_s = \boldsymbol{A}^{(1)}(\boldsymbol{A}_c^{(2)} \boldsymbol{\Omega}_s \boldsymbol{A}_c^{(2)\mathrm{T}} + \boldsymbol{\Psi}_c^{(2)}) \boldsymbol{A}^{(1)\mathrm{T}} + \boldsymbol{\Psi}^{(1)}$$
$$\tag{1.60}$$

最后,边缘密度由高斯求和给出:

$$p(\boldsymbol{y}) = \sum_{s=1}^{S} p(s) p(\boldsymbol{y} \mid s) = \sum_{s=1}^{S} \pi_s N(\boldsymbol{y}; \boldsymbol{m}_s, \boldsymbol{\Sigma}_s) \tag{1.61}$$

一般来说,用 $\boldsymbol{\theta}_{c_s} = \{\pi_s, \boldsymbol{A}, \boldsymbol{\Psi}, \boldsymbol{A}_c, \boldsymbol{\Psi}_c, \boldsymbol{\xi}_s, \boldsymbol{\Omega}_s\}_{s=1,c=1}^{S,C}$ 表示浅层 MCFAs 的参数。隐藏因子 z_s 的后验分布也可以压缩成浅层形式:

$$q(\boldsymbol{z}_s, s \mid \boldsymbol{y}) = N(\boldsymbol{z}_s; \boldsymbol{\kappa}_s, \boldsymbol{V}_s^{-1}) \tag{1.62}$$

$$\boldsymbol{V}_s^{-1} = (\boldsymbol{A}_c^{(2)} \boldsymbol{\Omega}_s \boldsymbol{A}_c^{(2)} + \boldsymbol{\Psi}_c^{(2)})^{-1} + \boldsymbol{A}^{(1)\mathrm{T}} \boldsymbol{\Psi}^{(1)-1} \boldsymbol{A}^{(1)} \tag{1.63}$$

$$\boldsymbol{\kappa}_s = \boldsymbol{A}^{(1)\mathrm{T}} \boldsymbol{\xi}_s + \boldsymbol{V}_s^{-1} \boldsymbol{A}^{(1)\mathrm{T}} \boldsymbol{\Psi}^{(1)-1} (\boldsymbol{y} - \boldsymbol{m}_s) \tag{1.64}$$

1.3.3 无监督学习

本节对所提出的 DMFAs 和 DMCFAs 的性能进行评估,并将其与 1.2.4 节中的浅层模型进行比较。在密度评价中,采用平均对数似然法检验深度密度模型和标准密度模型的密度估计质量。当进行实验分析时,所有的结果是以对数计算的,这使得不同数据集的结果比较更方便。经过多次实验,各种真

实数据(训练集)的对数似然性能如图1.16所示,DMFAs和DMCFAs都是在2层中设置的,S－MFAs和S－MCFAs分别表示通过浅层深层模型得到的浅层形式。测试数据的结果也是通过不更新参数计算得到的,如图1.17所示,DMFAs和DMCFAs都是在2层中设置的,S－MFAs和S－MCFAs分别表示通过浅层深层模型得到的浅层形式。从图中可以看到,深层模型可以显著提高标准模型的对数似然。

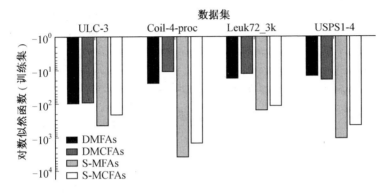

图1.16 各种真实数据(训练集)的对数似然性能

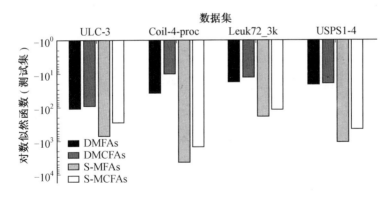

图1.17 对数似然在各种真实数据(测试集)上的性能

为了评估基于模型的聚类,计算了4个数据集的错误率(越低越好),以比较深度密度模型与具有相同比例混合的标准模型的性能。在实验中,所有的方法都是通过随机分组进行初始化,并根据实际的数据集来设置簇的数目的。此外,本节做了许多实验,通过将属性放入不同的维度来选择最佳结果,这里显示的结果是每个模型在最合适维度下的最佳结果。如图1.18和图1.19所示,使用同加载的模型在训练集和测试集上的结果都优于其他算法,DMFAs 和 DMCFAs 都是 2 层结构,浅层形式 S – MFAs 和 S – MCFAs 具有与深层形态相同的尺度混合。此外,深层模型始终比相同规模的浅层模型具有更好的性能。

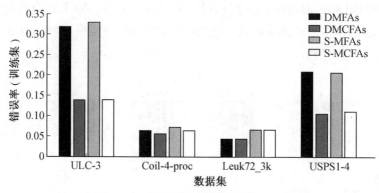

图 1.18　训练数据集的聚类错误率

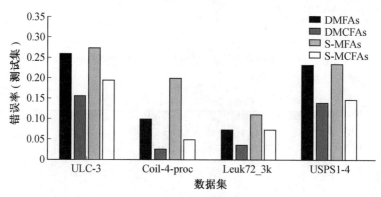

图 1.19　测试数据集的聚类错误率

1.4　期望最大化算法

在具有不完全数据或隐藏变量的密度模型中,期望最大化算法可以用来对参数进行估计(Do 和 Batzoglou,2008)。EM 算法作为通用的迭代策略,在 2 个步骤之间交替进行。在现有模型的基础上,利用期望步长(E-step)来预测缺失数据补全后的概率分布,通常不需要明确地建立补全数据的概率分布,并且需要计算补全数据中足够的统计数据;最大化步骤(M-step)通过利用补全数据重新估计模型参数,这可以被认为是数据预期对数似然的"最大化"(Do 和 Batzoglou,2008)。

当观测值 y、隐藏变量 z 和参数 θ 给定,数学表达式如下。

期望步长:

$$Q(\theta \mid \theta^{(k)}) = E_{q(z\mid y;\theta)}\left[\log\int_z p(y,z \mid \theta^{(k)})\,\mathrm{d}z\right] \quad (1.65)$$

最大化步骤:

$$\theta^{(k+1)} = \arg\max_\theta Q(\theta \mid \theta^{(k)}) \quad (1.66)$$

下面开始进行基于隐藏变量 EM 算法的收敛证明。基于詹森不等式,很容易证明 EM 算法构造的新下界 $F(q,\theta)$,其中 q 表示隐藏变量的后验,计算得到参数如下:

$$\begin{aligned}L(\theta) &= \log\int_z p(y,z\mid\theta)\mathrm{d}z = \log\int_z q(z\mid y;\theta)\frac{p(y,z\mid\theta)}{q(z\mid y;\theta)}\mathrm{d}z\\ &\geq \int_z q(z\mid y;\theta)\log\frac{p(y,z\mid\theta)}{q(z\mid y;\theta)}\mathrm{d}z = F(q,\theta)\end{aligned} \quad (1.67)$$

$$\begin{aligned}F(q,\theta) &= \int_z q(z\mid y;\theta)\log p(y,z\mid\theta)\mathrm{d}z -\\ &\quad \int_z q(z\mid y;\theta)\log q(z\mid y;\theta)\mathrm{d}z\\ &= \langle\log p(y,z\mid\theta)\rangle_{q(z\mid y;\theta)} + H(q)\end{aligned} \quad (1.68)$$

简单来说,EM 的过程是根据电流参数计算隐藏变量分布的下界函数,通过优化该函数得到新的参数,继续循环,如图 1.20 所示,期望步长由固定 θ 来计算 q,然后将下界从 $F(q,\theta^{(k+1)})$ 变化到 $F(q,\theta^{(k+2)})$,其中 $F(q,\theta^{(k+2)})$ 等于 $L(\theta)$ 在 $\theta^{(k+1)}$ 的值;最大化步骤是从 $\theta^{(k+1)}$ 迁移到 $\theta^{(k+2)}$,当 q 被固定时,去找 $F(q,\theta^{(k+2)})$ 的最大值。

在深层模型中,用 1 种高效、简单的优化算法来进行推理和学习,即贪婪分层无监督算法。由于采用了这种分层算法,EM 算法可以用来估计每层中每种混合的参数,从而找到对数似然的局部最大值。重要的是,1 个简单的目标函数可以以分层方式提供给 EM 算法,而不是具有相同比例混合的浅层模型的目标函数。例如,第 1 层混合的期望对数似然,如下所示:

$$\begin{aligned}Q(\theta \mid \theta^{(k)}) &= \sum_{c=1}^{C}\int_z q(z,c\mid y;\theta_c)\ln p(y,z,c\mid\theta_c)\mathrm{d}z\\ &= E_{q(z,c\mid y;\theta_c)}[\ln p(y\mid c,z) + \ln p(z\mid c) + \ln\pi_c]s\end{aligned} \quad (1.69)$$

在最大化步骤中,通过对每个参数的期望对数似然方程求解偏微分来更新第 $(k+1)$ 次迭代的参数 θ_c^{k+1}:

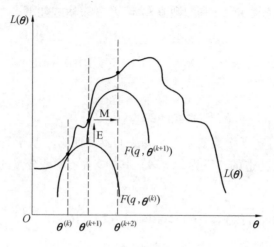

图 1.20 EM 算法示意图

$$\frac{\partial E_{q(z,c|y,\boldsymbol{\theta}_{\text{old}})}[L(\boldsymbol{\theta}_c)]}{\partial \boldsymbol{\theta}_c} = 0 \tag{1.70}$$

上层通过递推具有对第 1 层更好的聚类后验建模能力。当边界是紧的时,边界的任何增加都会提高模型的对数似然性。因此,深层训练模型优于浅层训练模型。

1.5 结 论

综上所述,本章介绍了具有隐藏变量的新型深度密度模型。详细介绍了 2 种标准的概率模型 MFAs 和 MCFAs,并对它们进行了深入的推导。与以往的深度密度模型相比,贪婪分层算法推理过程简单,自由参数明显减少。本章比较了深层模型和浅层模型的密度评价和聚类结果,实验结果表明,深层模型显著提高了标准模型的对数似然。此外,在聚类方面,深层模型始终比浅层模型具有更好的性能。实际应用中,深度密度模型有助于创建更好的先验,可以用于图像去噪、图像修复和跟踪动画运动等任务。

本章参考文献

[1] Arnold L, Ollivier Y (2012) Layer-wise learning of deep generative models. CoRR, abs/1212.1524.

[2] Baek J, McLachlan GJ (2011) Mixtures of common t-factor analyzers for clustering high-dimensional microarray data. Bioinformatics 27 (9): 1269-1276.

[3] Baek J, McLachlan GJ, Flack LK (2010) Mixtures of factor analyzers on factorloadings: applications to the clustering and visualization of high-dimensional data. IEEE TransPattern Anal Mach Intell 32(7):1298-1309.

[4] Bengio Y, Lamblin P, Popovici D, Larochelle H (2007) Greedy layer-wise training of deepnetworks. In: Advances in neural information processing systems,153-160.

[5] Bengio Y et al (2009) Learning deep architectures for AI. Found Trends Mach Learn 2(1):1-127.

[6] Bishop CM (1998) Latent variable models. In: Learning in graphical models. Springer, New York,371-403.

[7] Bishop C (2006) Pattern recognition and machine learning. Springer, New York.

[8] Do CB, Batzoglou S (2008)What is the expectation maximization algorithm? Nat Biotech 26(8):897-899.

[9] Everitt BS (1984) Factor analysis. Springer Netherlands, Dordrecht, 13-31.

[10] Everett BS (2013) An introduction to latent variable models. Springer Science & Business Media, Berlin.

[11] Figueiredo M, Jain AK (2002) Unsupervised learning offinite mixture models. IEEE Trans Pattern Anal Mach Intell 24(3):381-396.

[12] Fokoué E (2005) Mixtures of factor analyzers: an extension with covariates. J Multivar Anal 95(2):370-384.

[13] Galbraith JI, Moustaki I, Bartholomew DJ, Steele F (2002)The analysis and interpretation ofmultivariate data for social scientists. Chapman & Hall/ CRC Press, Boca Raton.

[14] Ghahramani Z (2015) Probabilistic machine learning and artificial intelligence. Nature 521(7553):452.

[15] Ghahramani Z, Hinton G (1996)The em algorithm for mixtures of factor analyzers. Technical Report CRG-TR-96-1, University of Toronto, 11-18. http://www.gatsby.ucl.ac.uk/.zoubin/papers.html.

[16] Hinton GE, Salakhutdinov RR (2006) Reducing the dimensionality of data with neural networks. Science 313(5786):504-507.

[17] Hinton GE, Osindero S, Teh YW (2006) A fast learning algorithm for deep belief nets. Neural Comput 18(7):1527-1554.

[18] Mclanchlan GJ, Peel D, Bean RW (2003) Modelling high-dimensional data by mixtures of factor analyzers. Comput Stat Data Anal 41:379-388.

[19] Johnson B (2013) High resolution urbanland cover classification using a competitive multi-scale object-based approach. Remote Sens Lett 4(2):131-140.

[20] Johnson B, Xie Z (2013) Classifying a high resolution image of an urban area using super-object information. ISPRS J Photogrammetry Remote Sens 83:40-49.

[21] Law MHC, Figueiredo MAT, Jain AK (2004) Simultaneous feature selection and clustering using mixture models. IEEE Trans Pattern Anal Mach Intell 26(9):1154-1166.

[22] Loehlin JC (1998) Latent variable models: an introduction to factor, path, and structural analysis. Lawrence Erlbaum Associates Publishers.

[23] Ma J, Xu L (2005) Asymptotic convergence properties of the em algorithm with respect to the overlap in the mixture. Neurocomputing 68:105-129.

[24] McLachlan G, Krishnan T (2007) The EM algorithm and extensions, vol 382. John Wiley & Sons, Hoboken.

[25] McLachlan GJ, Peel D (2000) Mixtures of factor analyzers. In: International Conference on Machine Learning (ICML), 599-606.

[26] Montanari A, Viroli C (2011) Maximum likelihood estimation of mixtures of factor analyzers. Comput Stat Data Anal 55(9):2712-2723.

[27] Nene SA, Nayar SK, Murase H (1996) Columbia object image library (coil-20). Technical report, Technical Report CUCS-005-96.

[28] Patel AB, Nguyen T, Baraniuk RG (2015) A probabilistic theory of deep learning. arXiv preprint arXiv:1504.00641.

[29] Rippel O, Adams RP (2013) High-dimensional probability estimation with deep density models. CoRR, abs/1302.5125.

[30] Salakhutdinov R, Mnih A, Hinton GE (2007) Restrictedboltzmann

machines for collaborative filtering. In: Machine Learning, Proceedings of the Twenty-Fourth International Conference (ICML), Corvallis, Oregon, USA, 20-24 June 2007, 791-798.

[31] Smaragdis P, Raj B, Shashanka M (2006) A probabilistic latent variable model for acoustic modeling. Adv Models Acoust Process NIPS 148:8-1.

[32] Tang Y, Salakhutdinov R, Hinton GE (2012) Deep mixtures of factor analysers. In: Proceedings of the 29th International Conference on Machine Learning, ICML 2012, Edinburgh, Scotland, UK, June 26-July 1 2012.

[33] Tang Y, Salakhutdinov R, Hinton G (2013) Tensor analyzers. In: International Conference on Machine Learning, 163-171.

[34] Tortora C, McNicholas PD, Browne RP (2016) A mixture of generalized hyperbolic factor analyzers. Adv Data Anal Classif 10(4):423-440.

[35] Vermunt JK, Magidson J (2004) Latent class analysis. The sage encyclopedia of social sciences research methods, 549-553.

[36] Yang X, Huang K, Goulermas JY, Zhang R (2004) Joint learning of unsupervised dimensionality reduction and gaussian mixture model. Neural Process Lett 45(3):791-806 (2017).

[37] Yang X, Huang K, Zhang R (2017) Deep mixtures of factor analyzers on loadings: a novel deep generative approach to clustering. In: International Conference on Neural Information Processing. Springer, 709-719.

第 2 章 深度 RNNs 结构:设计与评估

顺序数据标记任务(如手写识别)面临 2 个关键的挑战,一个是对大规模、注释良好的训练数据有巨大需求,另一个是如何有效地对当前信号段和上下文依赖进行编码,两者都需要进行更深入的研究。为了解决这些问题,本章从管道和微核 2 个不同的角度对循环神经网络(recurrent neural network,RNNs)的体系结构设计策略进行系统的研究。

从管道的角度出发,本章提出了 1 种端到端的深度识别体系结构,允许在最少的人工干预下快速适应新任务。首先,循环神经网络的深度结构给出了 1 个高度非线性的特征表示。通过层次表示,有效且复杂的特性可以用更简单的特性表示。此外,混合单元用于编码长文顺序数据,它由双向长短时记忆(bidirerctional long short-term memory,BLSTM)层和前向子采样(feed forward subsampling,FFS)层组成。其次,连接时序分类(connectionist temporal classification,CTC)目标函数使得训练模型不需要在数据级对数据进行注释,改进后的 CTC 波束搜索算法将解码过程中的语言约束整合在 1 个统一的公式中。在这种首尾相连的框架下,可以为工业应用设计 1 个薄而紧凑的高准确率网络。

从微核的角度出发,受长短时记忆(long short-term memory,LSTMs)和门控循环单元(gated recurrent unit,GRU)的启发,本章提出了 1 种新的神经元结构——门控记忆单元(gated memory unit,GMU)。GMU 保留了恒定误差传送带(constant error carousel,CEC)用于增强平稳的信息流,GMU 还提供了 LSTMs 的细胞结构和 GRU 的插值门。

本章的方法在 CASIA-OLHWDB 2.x 上进行了评价,CASIA-OLHWDB 2.x 是 1 个公开的中文手写资料库。结果表明,无论是准确率还是精确度,管道在测试集上的相对误差降低了 30% 以上;在对比集的一定可行假设下,管道可以取得更好的效果;GMU 是手写识别任务的潜在选择。

2.1 概 述

在线中文手写识别是1个典型的顺序数据标记任务。在书写过程中,笔尖(或更一般的书写工具)通过传感装置记录下来,每个文本行都可以看作张量的时间序列,也称为轨迹。在线手写识别在中文输入中起着重要作用,与其他输入法相比,它更自然。

1966 年,美国麻省理工学院和匹兹堡大学的两个研究小组开创性地研究了在线中文手写识别问题(Liu,1966;Zobrak,1966)。由于个人电脑和智能设备的普及,在线中文手写识别自那时起就受到人们的广泛关注,并在基于钢笔的文本输入(Wang 等,2012)、重叠输入法(Zou 等,2011)及笔记的数字化和检索(Zhang 等,2014)领域对在线中文手写识别进行研究。

近年来,Graves 等将循环神经网络和连接时序分类结合,从而建立1种强大的顺序标记工具(Graves 等,2009)。Messina 等利用该工具进行脱机中文书写的抄写(Messina 和 Louradour,2015),并证明了其潜力。最近,卷积LSTMs 被应用于在线中文手写识别(Xie 等,2016),并得到令人满意的结果。

循环神经元是 RNNs 的基本构件,其自身的能力及其组合可以形成不同的网络体系结构,从而产生不同的建模能力。虽然 RNNs 在理论上可以用于近似任何序列到序列的映射,但几十年的研究表明,普通的 RNNs 很难捕获长时间序列的依赖关系(Bengio 等,1994),本章从管道和微核神经元的角度给出了 RNNs 的设计方案。与 Xie 等提出的将轨迹绘制为离线模式不同,本章使用深度结构探索了原始轨迹的可行性,该体系结构混合了双向 LSTMs 层和前向子采样层,用于对长上下文历史轨迹进行编码。本章还遵循 CTC 目标函数,在不需要输入轨迹和输出数据串对齐信息的情况下对模型进行训练。正如 Liu 等(2015)建议的,本章利用明确的语言约束来提升在线模式下端到端的系统。为了更好地综合语言约束,提出了1种改进的 CTC 波束搜索译码算法。从微核级角度,基于高速通道原理提出了 1 种新的循环神经元——GMU。GMU 由两部分组成,一部分用于保存历史背景,另一部分用于生成神经元。本章保留了 LSTMs 的记忆单元结构,构成1个传输通道,并借用 GRU 的内插门调节信息的流动。在这 2 个层次上,所提出的方法都在公开可用的数据库上进行了评估。

2.2 相关工作

2.2.1 无分段手写识别

大多数在线中文手写识别方法都属于分割－识别综合策略（Cheriet 等，2007）。首先，文本行被分割成原始段；之后，数据分类器（Liu 等，2013）将连续段合并，并分配 1 个候选类列表形成分段识别格；最后，通过智能整合数据分类分数、几何上下文和语言上下文，路径搜索以确定最优路径（Wang 等，2012）。这一策略取得了巨大成功。

如果训练数据多且注释良好，分段识别综合策略可能是首选策略。许多研究工作是为了优化其中的关键因素，如数据识别（Zhou 等，2016）、置信度转换（Wang 和 Liu，2013）和参数学习方法（Zhou 等，2013、2014）。Vision Objects Ltd. 将这 3 个模块称为分割（segmentation）、识别（recognition）和专家解读（interpretation experts）。3 个模块单独训练，并且它们在任务中的权重是通过 1 个全局的区别训练过程计算的，复杂的训练阶段需要大量的专家介入。

然而，构建这样 1 个系统并非易事。作为前提，大规模的训练数据需要在数据级进行注释。广泛使用的中文笔迹数据库花了数年时间才完成手工注释，如 HIT－MW（Su 等，2007）和 CASIA－OLHWDB（Liu 等，2011），通过专家的人工参与得到了分类的特征。此外，不同的系统组件也是独立开发的，可能需要不同的数据进行调整优化，这也需要研究者的努力。

无分段策略作为 1 种替代策略，有望解决上述问题，该策略不需要将文本行分割成数据，因此不需要在训练数据中标记每个数据的边界。在此之前，隐马尔可夫模型（hiden Markov models, HMMs）已成功地用无分段策略识别了中文笔迹（Su 等，2009）。

目前，RNNs 特别是 LSTMs 已成为序列标记任务的有力工具。Messina 等利用该工具转录了脱机的中文笔迹（Messina 和 Louradour, 2015），初步结果与以往发表的结果相当。卷积 LSTMs 也被应用于在线中文手写识别（Xie 等，2016），结果同样令人满意。该系统分为四层，首先使用路径签名层将输入轨迹转换为文本行图像，然后将卷积层连接用于学习特性，之后将特征输入到多个双向 LSTMs 层,最后利用 CTC 波束搜索将网络的输出转换为转录层的标记。

与将轨迹绘制为离线模式(Xie 等,2016;Liu 等,2015)不同,本节使用 1 个深度结构来探索原始笔迹的可行性。正如 Liu 等(2015)所建议的,利用确定的语言约束提升在线模式下的端到端系统。

2.2.2 RNNs 神经元的变形

自 20 世纪 90 年代初以来,研究复杂的循环神经元一直是 1 个重要课题。长短时记忆和门控递归单元是 2 种常用的复杂循环神经元。目前,这些 RNNs 神经元广泛应用于许多研究领域,包括自然语言处理(Cho 等,2014)、语音识别(Amodei 等,2016;Graves 等,2013)和图像识别(Russakovsky 等,2015)。最先进的数据识别方法(Graves 等,2009;Graves 和 Schmidhuber,2009;Graves,2012)也越来越多地使用循环神经网络,并取得了很大进展。简而言之,上述研究的成功有 2 个原因。首先,他们发明了特殊的门,可以保持更长的上下文依赖关系,如遗忘门或更新门;其次,建立了高速通道,为历史信息的顺利传播和错误信息的反向传播提供快捷方式。

LSTMs 是最早提出的复杂循环神经元之一。最初的 LSTMs 结构(Hochreiter 和 Schmidhuber,1997)包括 1 个或多个自连接的记忆单元、输入门和输出门。该结构建立了恒定误差传送带,既便于存储历史信息以编码长期依赖关系,又便于梯度反向传播以防止出现梯度衰减问题。

输入门用于控制比例信息进入记忆单元。输出门用于控制神经元激活时记忆单元中的暴露部分。添加遗忘门可进一步增强 LSTMs 的能力(Gers 等,2000),如果要放弃以前的历史纪录,它将进行重置操作。LSTMs 最近的改进是窥视孔连接(Gers 等,2002),这种改进有助于提高内部状态的精确性和计数能力。

LSTMs 神经元可以在时间步长展开,如图 2.1 所示。图中,细胞被有意地描绘成 1 个从左向右流动的管道。在正向传播过程中,记忆单元的内容存储在管道中;在反向传播过程中,目标函数的梯度可以通过管道反向流动。使用下式更新内存内容:

$$c_t^k = f_t^k c_{t-1}^k + \dot{c}_t^k \tag{2.1}$$

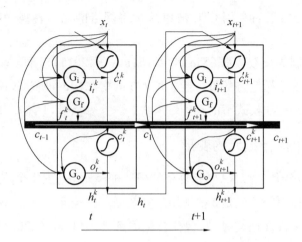

图 2.1 LSTMs 神经元在时间步长展开

其中,遗忘门(G_f)的输出值f_t^k决定了历史信息c_{t-1}^k保留了多少。当f_t^k接近于0时,表示丢弃几乎所有的历史信息;否则,历史信息将被部分保留,甚至可以控制输入门(G_o)来最大限度地利用历史信息。如果记忆单元的内容没有完全暴露隐藏状态,就可以使用输出门的值o_t^k来控制。

另一种复杂的循环神经元是 GRU(Cho 等,2014),GRU 按时间步长展开如图 2.2 所示。GRU 使用的内存块比 LSTMs 使用的内存块更简单,每个 GRU 内存块由 1 个输入转换、1 个重置门(G_r)和 1 个更新门(G_z)组成。重置门使用自连接结构控制短期上下文依赖关系,更新门使用历史信息和当前激活之

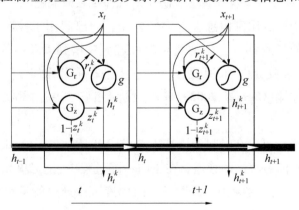

图 2.2 GRU 按时间步长展开

间的插值来控制长期上下文依赖关系。想要自适应地捕获不同长度的依赖项,只需调整优化这 2 个门。此外,由于单元输出是自连接的,因此它成为历史信息的通道。与 LSTMs 单元相似,该通道确保了梯度反向平滑传播,但它与 LSTMs 不同。新的单元输出使用下式完成更新:

$$h_t^k = (1 - z_t^k)h_{t-1}^k + z_t^k h_t^k \qquad (2.2)$$

当 z_t^k 接近 1 时,之前的隐藏状态被忽略;否则,通过插值系数保留之前的信息。为了最大限度地利用历史信息,可以允许 z_t^k 接近于 0。与 LSTMs 不同的是,记忆单元的内容会完全暴露。

2.3 数 据 集

本节使用在线中文手写数据库 CASIA – OLHWDB(Liu 等,2011)来训练和评估本节模型,这个数据库包括孤立数据和文本行,其中有 3 个子集只包含孤立数据的部分,名为 OLHWDB 1.0 ~ 1.2,另一个名为 OLHWDB 2.0 ~ 2.2(Liu 等,2011)。将 OLHWDB 2.0 ~ 2.2 分为训练集和测试集,训练集有 4 072 页,分别来自 815 个人,而测试集有 1 020 页,分别来自 204 个人。此外,还有 1 个 ICDAR2013 中文手写识别大赛预先设定的对比集(Yin 等,2013)。表 2.1 为 CASIA – OLHWDB 2.0 ~ 2.2 的特征数据集。本节系统是在测试集或对比集上进行评估的。需要注意的是,测试集中有 5 个数据不是由训练集生成的,而对比集中有 2.02% 的数据不是由训练集生成的。

表 2.1　CASIA – OLHWDB 2.0 ~ 2.2 的特征数据集

项目	OLHWDB 2.0 ~ 2.2 的子集		
	训练集	测试集	对比集
页	4 072	1 020	300
行	41 710	10 510	3 432
数据	1 082 220	269 674	92 576
类	2 650	2 631	1 375

在实验之前需要进行预处理。首先,确定 1 个数据集来覆盖 CASIA - OLHWDB 2.x 中的所有样本,共有 2 765 个数据(包括 2 764 个数据和 1 个空数据);其次,删除示例中手动注释的点,为了保留真实的手写轨迹,删除之前添加到连接部分的分割点;之后,推导出 1 个特征表示,输入轨迹以原始形式表示,在每个时间步长中,特征表示由 x、y 坐标的一阶差分和表示笔是否被提起的状态组成,轨迹的开始将前两个维度设为零。

本节想要构建 N 元模型来表达语言约束。《人民日报》电子新闻采集了大量 html 格式的文本数据,只过滤掉 html 的标记,当数据包含有噪声的行时,不需要人工干预。文本的范围从 1999 年到 2005 年,包括 193 842 123 个数据。使用 SRILM 工具包(Stolcke,2002)来估计 N 元语言模型,并删除 7 356 类以外的所有数据。用以 10 为底的对数比例尺分别测试双元模型和三元模型,它们的阈值都是 7×10^{-7}。

2.4 深度神经网络

本节提出的系统目标是绘制 1 个水彩笔轨迹 $X(=x^1,x^2,\cdots,x^T)$,按照端到端范式转换到文本数据串 l,并学习得到最优映射,这个过程如图 2.3 所示。本节使用 LSTMs 模型对映射进行编码,假设这个映射是已知的,那么可以提供 1 个看不见的轨迹文本行。LSTMs 网络从输入层通过隐藏层传播到输出层,执行 CTC 波束搜索以输出尽可能多的数据串。每个轨迹的性能是基于 l 和真值 z 之间的对齐来测量的。

图 2.3 所示为得到最优映射的系统流程,通过最小化经验损失函数来生成所需的 LSTMs 模型:

$$\mathscr{L}(S) = \sum_{(X,z) \in S} \mathscr{L}(X,z) \tag{2.3}$$

式中,S 表示训练集合。

由于最优映射是 1 个多类型分类问题,因此用 $\mathscr{L}(X,z) = -\ln P(z|X)$ 表示用 CTC 和前后向算法计算得到样本的损失函数。CASIA - OLHWDB 数据集(Liu 等,2011)中的训练集也用来推导分类模型。此外,本节还从文本数据库中提前估计了 N 元语言模型,这有助于译码过程中的搜索过程。

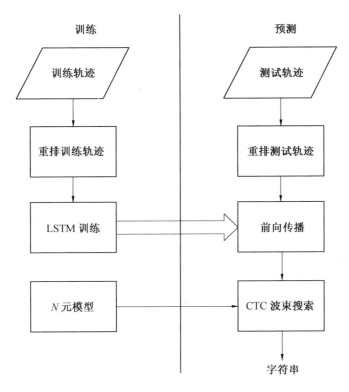

图 2.3 得到最优映射的系统流程

2.4.1 结构

本节提出了 1 种深度循环神经网络,并推导出了专门处理向量序列的映射函数。图 2.4 所示为展开循环神经网络的典型实例,除了输入层和输出层,还有隐藏层和子采样层。历史信息通过递归隐藏层进行编码。第 n 层的第 t 步隐藏变量 h_n^t 是由第 $n-1$ 层的隐藏变量 h_{n-1}^t($h_0^t = x^t$)和前一层隐藏变量 h_n^{t-1} 迭代计算得到:

$$h_n^t = \tanh(W_n^l h_{n-1}^t + U_n^H h_n^{t-1}) \tag{2.4}$$

式中,W_n^l 是第 $n-1$ 层和第 n 层的权系数矩阵;U_n^H 是自链接递归权系数矩阵。由于 h_n^t 是用递归的方式计算得到的,因此它依赖于第 1 个到第 t 个时间步长的输入向量。

为了进一步从双向上下文的关系中受益,本节还考虑了 1 个双向循环神经网络(bilinear recurrent neural network,BRNNs)(Schuster 和 Palival,

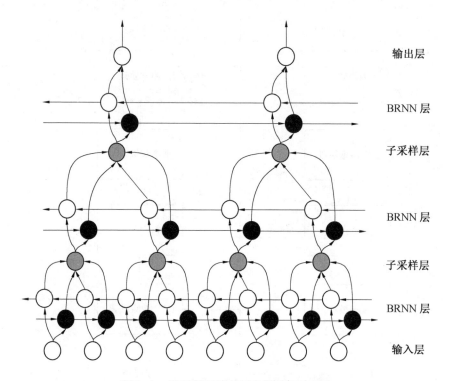

图 2.4 展开循环神经网络的典型实例

1997),其中每个递归层都由 1 个向前层和 1 个向后层替换。前向传递与之前的描述相同,而后向传递测试从 $t=T$ 到 $t=1$ 的数据,通过所有时间步长共享参数(Graves,2012)得到递归公式的结果。

考虑轨迹的长度和书写风格的可变性,子采样层需要深入研究。在此,设计了前馈式神经元,它允许来自连续时间步长的输入窗口折叠。第 n 个子采样层第 k 个时间步长 $w \times t$ 的隐藏变量计算为

$$h_{n(k)}^{w \times t} = \tanh\left(\sum_{i=1}^{w} w_{n(k)}^{i} \cdot h_{n-1}^{w \times t+i}\right) \tag{2.5}$$

式中,w 为窗口大小;$w_{n(k)}^{i}$ 为第 $n-1$ 层到第 n 层中的第 k 个单元的权向量。

网络输出向量可计算为

$$y^{t} = \text{Softmax}(a^{t}) = \text{Softmax}(W^{o} h_{L}^{t}) \tag{2.6}$$

式中,W^{o} 为从最后 1 个隐藏层到输出层的权系数矩阵。注意:式(2.6)保留了 1 个额外的输出,记为{null},将用于 CTC 算法。

标准的 RNNs 类算法存在梯度消失问题(Goodfellow 等,2016)。在本节的 RNNs 网络中,用 LSTMs 内存块(Hochreiter 和 Schmidhuber,1997)替换隐藏层中的 RNNs 节点,每个内存块包括 3 个门、1 个单元和 3 个孔连接。遗忘门的输出值决定了历史信息保留了多少,如果接近 0,则表示几乎丢弃所有的历史信息,否则历史信息将部分保留,甚至可以控制输入门以最大限度利用历史信息;记忆单元的内容没有完全暴露于隐藏状态,相反,它是由输出门的值来控制的。上述这些都是非线性求和。一般来说,输入激活函数是 tanh 函数,门激活函数是 sigmoid 函数,可以将数据压缩在 0 ~ 1 范围内。

2.4.2 学习

连接时序分类是 1 种功能强大的顺序数据标记对象函数,在没有任何预先比对的情况下,它可以在输入序列和目标序列之间对 RNNs 进行训练(Graves 和 Jaitly,2014)。假设所有标记都是从字母表 A 中抽取的,那么定义扩展字母表 $A = A \cup \{null\}$。如果输出为 null,则在该时间步长没有标记。定义 CTC 映射函数用来删除重复的标记,然后从每个输出序列中删除空值,假设空值被注入到标记序列 z 中,得到 1 个长度为 $2|z|+1$ 的新序列 z'。

CTC 使用前后向算法(Graves,2012)对所有可能的比对进行求和,并给定输入序列的目标序列的条件概率 $\Pr(z \mid X)$。对于标记 z,定义所有轨迹长度为 t 的条件概率的和为 $\alpha(t,u)$,其中轨迹是序列 z 的前缀长度为 $u/2$ 的映射。相反,后向变量 $\beta(t,u)$ 定义为从 $t+1$ 开始到序列 z 结束过程中所有对 $\alpha(t,u)$ 有贡献的轨迹的条件概率的和。因此,条件概率 $\Pr(z \mid X)$ 可以表示为

$$\Pr(z \mid X) = \sum_{u=1 \sim |z|'} \alpha(t,u)\beta(t,u) \qquad (2.7)$$

将式(2.7)代入式(2.3),得到经验损失函数。定义输出层 δ 的灵敏度 $\delta_k^t \triangleq \partial \mathscr{L}/\partial a_t^k$,可以得到

$$\delta_k^t = y_k^t - \frac{1}{\Pr(z \mid X)} \sum_{u \in B(z,k)} \alpha(t,u)\beta(t,u) \qquad (2.8)$$

式中,$B(z,k) = \{u:z'_u = k\}$。基于式(2.8),其他层的灵敏度可以通过网络的后向传播计算得到。

2.4.3 解码

波束搜索可以用来整合语言约束,对其进行改进从而得到更好的集成约束。为了减少噪声估计的偏差,对扩展概率 $\Pr(k,y,t)$ 进行重新排序,而算法 1 中的伪代码则采用了与之相似的框架(Graves 和 Jaitly,2014)。定义 $\Pr^-(y,t)$、$\Pr^+(y,t)$ 和 $\Pr(y,t)$ 分别为空、非空和在 t 时刻的部分输出 y 的总概率。(k,y,t) 时刻标记为 k 的输出 y 的概率 $\Pr(k,y,t)$,可以表示为

$$\Pr(k,y,t) = \Pr(k,t \mid X)[\gamma \Pr(k \mid y)] \begin{cases} \Pr^-(y,t-1), & y^e = k \\ \Pr(y,t-1), & \text{其他} \end{cases} \quad (2.9)$$

式中,$\Pr(k,t \mid X)$ 为 CTC 在 t 时刻标记为 k 的输出概率,如式(2.3);$\Pr(k \mid y)$ 为从 y 到 $y+k$ 的语言变换;y^e 为 y 最终标记;γ 为语言权重。改进的 CTC 波束搜索见算法 1。

算法 1 改进的 CTC 波束搜索

1:	initialize:$\mathscr{B} = \{\phi\}$;$\Pr^-(\phi,0) = 1$
2:	for $t = 1,\cdots,T$ do
3:	$\hat{\mathscr{B}}$ = the N-Best in $\mathscr{B}$
4:	$\mathscr{B} = \{\phi\}$
5:	for y in $\hat{\mathscr{B}}$ do
6:	if $y \neq \phi$ then
7:	$\Pr^+(y,t) \leftarrow \Pr^+(y,t-1)\Pr(y^e,t \mid X)$
8:	if $(\hat{y} \in \hat{\mathscr{B}})$ then
9:	$\Pr^+(y,t) \leftarrow \Pr(y,t-1) + \Pr(y^e,\hat{y},t)$
10:	$\Pr^-(y,t) \leftarrow \Pr(y,t-1)\Pr(-,t \mid X)$
11:	add y to $\mathscr{B}$
12:	prune emission probabilities at time t(retain K_t classes)
13:	for $k = 1,\cdots,K_t$ do
14:	$\Pr^-(y+k,t) \leftarrow 0$
15:	$\Pr^+(y+k,t) \leftarrow \Pr(k,y,t)$
16:	add $(y+k)$ to $\mathscr{B}$
17:	Return:$\arg\max\limits_{y \in \mathscr{B}} \Pr^{\frac{1}{\|y\|}}(y,T)$

2.4.4 实验设置

本节在输出层设置了 2 765 个单元,1 个保留为空,其他则涵盖了 OLHWDB 2.0 ~ 2.2 的训练集、测试集和对比集中的所有数据。还从 OLHWDB 1.x 中选择了每类不超过 700 个的独立样本,希望能尽可能弥补对比集中字符不足的问题。

本节中研究了 3 种不同的网络,见表 2.2。表中,类型反映隐藏层的数量;设置描述每个层的大小,后缀中 I 表示输入层,S 表示子采样层,L 表示 LSTMs 层,O 表示输出层;参数为网络参数的总数(以百万为单位)。通过对参数的调整,使 3 种网络具有可比性。与 Xie 等(2016)的分析相比,使用 1 024 个节点的 LSTMs 层非常薄。

表 2.2 3 种不同的网络设置

类型	参数/百万	设置
3 层	1.63	3I – 64L – 128S – 192L – 2765O
5 层	1.50	3I – 64L – 80S – 96L – 128S – 160L – 2765O
6 层	1.84	3I – 48L – 64S – 96L – 128L – 144S – 160L – 2765O

除语言模型外,其余概率均以自然对数表示。学习速率由 AdaDelta 算法(Zeiler,2012)驱动,动量为 0.95。在 CTC 波束搜索译码过程中,以输出单元的倒数作为阈值来分割输出概率,并确定波束大小为 64,该算法已在 CPU 和 GPU 上实现。对于 32 个文本行的小批量数据,使用 GPU(型号为 Tesla K40)可以实现 200 倍以上的加速。

为了克服数据的稀疏性,将训练过程分为 4 个阶段。在第一阶段,使用 128 个数据的小批量的独立样本来训练网络,循环 5 代。第二阶段是运行 OLHWDB 2.x 中的所有训练数据,每个批处理大小为 32 个文本行,循环 10 代。第三阶段与第一阶段在相同的数据上执行,循环 10 代。第四阶段采用训练集 OLHWDB 2.x 中 95% 的数据进行训练,循环不超过 20 代,用剩下的训练数据来对网络进行微调得到最佳模型。

将特定识别器的输出与参考识别结果进行比较,用准确率(correct rate, CR)和精确率(accurate rate, AR)2 个指标评价结果。假设已知替换错误(S_e)、删除错误(D_e)和插入错误(I_e)的数量,则 CR 和 AR 分别定义为

$$\begin{cases} \mathrm{CR} = \dfrac{N_\mathrm{t} - S_\mathrm{e} - D_\mathrm{e}}{N_\mathrm{t}} \\ \mathrm{AR} = \dfrac{N_\mathrm{t} - S_\mathrm{e} - D_\mathrm{e} - I_\mathrm{e}}{N_\mathrm{t}} \end{cases} \quad (2.10)$$

式中,N_t 为参考识别中的总数据数。

2.4.5 实验结果

在验证集上的第四阶段训练结果如图 2.5 所示,其中 y 轴为验证集上的 AR,选取该阶段的最佳模型,然后在测试集或对比集上进行评估。

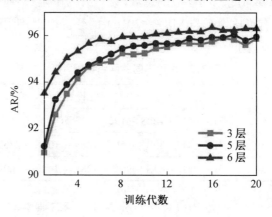

图 2.5 在验证集上的第四阶段训练结果

根据语言模型在验证集上的表现,确定语言模型的权重。图 2.6 所示为在验证集上的语言约束权重曲线(三元模型)。从图中可以看到,当语言权重

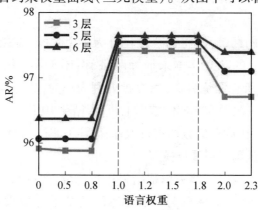

图 2.6 在验证集上的语言约束权重曲线(三元模型)

在1.0~1.8范围内时,它是稳定的,而标准解码算法使用的值在2.3左右。对于二元模型,从图中可以看到类似的观察结果。在接下来的实验中,将语言权重修改为1.0。

本节研究了不同语言模型在测试集和对比集的处理结果,见表2.3。虽然3种网络有几乎相同数量的参数,但更深层次的网络通常在测试集和对比集都能更好地工作。另外,当施加更强的语言约束时,从表中可以看到性能的稳步提高。通过比较,语言模型在对比集上的改进更为显著。

表2.3 不同语言模型在测试集和对比集的处理结果 %

类型	无语言模型		二元模型		三元模型	
	AR	CR	AR	CR	AR	CR
测试集						
3层	94.81	95.52	96.13	96.84	96.83	97.45
5层	95.08	95.63	96.34	96.92	97.04	97.58
6层	95.30	95.82	96.45	97.00	97.05	97.55
对比集						
3层	88.06	89.40	91.42	92.87	93.00	94.28
5层	88.91	90.00	92.05	93.20	93.37	94.44
6层	89.12	90.18	92.12	93.25	93.40	94.43

最后,将本节的结果与之前的工作进行比较,见表2.4。前4行的系统采用分段识别集成策略;第5行的系统采用混合的CNNs和LSTMs结构,并且给出了具体的特征提取层;从表中可以看出,本节的系统在测试集上取得了最好的结果。与第5行的系统(Xie等,2016)相比,本节的系统CR和AR的绝对误差分别减少了1.15%和1.71%。与第2行的系统(Zhou等,2014)相比,本节的系统CR和AR的绝对误差减少2.3%左右。在对比集上,本节的系统的处理结果略低于分段识别策略,但由于词汇量不足的问题,本节的系统可与无分段策略相比。如果将所有字典外的数据从对比集中移除,本节的系统在AR和CR方面分别达到94.65%和95.65%,甚至超过了最好的第4行的系统(Yin等,2013)。

表2.4 性能对比 %

方法	测试集		对比集	
	AR	CR	AR	CR
Wang 2012(Wang 等,2012)	91.97	92.76	—	—
Zhou 2013(Zhou 等,2013)	93.75	94.34	94.06	94.62
Zhou 2014(Zhou 等,2014)	94.69	95.32	94.22	94.76
VO-3(Yin 等,2013)	—	—	94.49	95.03
Xie 2016(Xie 等,2016)	95.34	96.40	92.88*	95.00*
本节的系统	97.05	97.55	93.40	94.43
			94.65ᵃ	95.65*

*:从对比集中移除了训练集中不包含的全部数据。

2.4.6 误差分析

本节检查每个文本行的识别结果,将所有文本行的AR重排成11个区间,并考虑进入各区间的文本行数量,如图2.7所示。当AR大于50%时,区间宽度为5%。对比集中有113个文本行,其AR低于75%,本节检查了所有的文本行并得到一些结论。

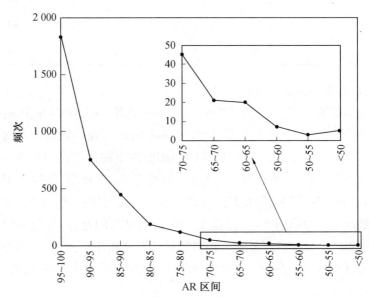

图2.7 使用区间直方图的AR示意图

一般来说,误差是由 3 个问题引起的,如图 2.8 所示。首先,有一些写得很短的样本,甚至是由 2 个或稍多的数据连接起来的,在样本有限的情况下,严重歪斜或倾斜的文本行很难处理。此外,英文字母／单词的样本不足。进一步减少这些问题可能有助于提高系统性能。

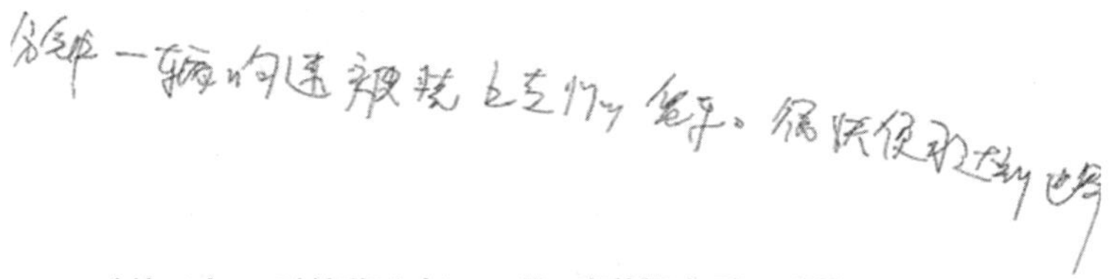

output: 分钟一[响　　]速被[烧]上专[1　　平。很快便[水]到[　]世界
label:　 分钟一[辆的匀]速被[装]上专[门的货车,]很快便[可]到[达]世界

(a) 歪斜的文本行

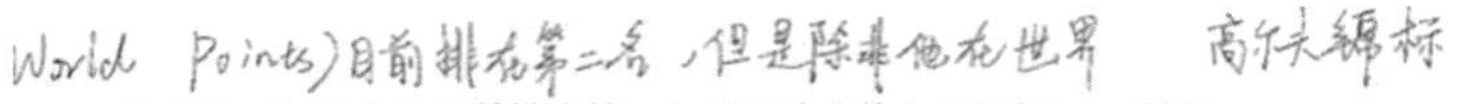

output: [w] o[eep]o[r]n[e]s)目前排在第二名,但是除非他在世界高[　　]锦标
label:　[W]o[rldP]o[i]n[t]s)目前排在第二位,但是除非他在世界高[尔夫]锦标

(b) 英文单词

图 2.8　对比集典型误差及原因(误差标记为[．])

2.5　RNNs 神经元

2.5.1　结构

本节提出了 1 种结合 LSTMs 记忆单元和 GRU 插值门的循环神经元——GMU。GMU 由 1 个记忆单元、2 个门(记忆门和操作门)组成。记忆单元起着 CEC 的作用,用来传输历史信息和错误消息。记忆门主要负责更新记忆单元的内容,它控制保留多少历史纪录。操作门主要负责隐藏状态的生成,它使用学习的权重来混合历史和当前的输入转换。这 2 个门可以独立运行,因此很容易并行。

GMU 在时间步长中的展开如图 2.9 所示。在前向传播过程中,历史信息被保存到记忆单元中。由于单元是自连接的,长依赖项可能是编码的;在反向传播过程中,单元是 1 个 CEC 通道,避免了梯度消失的问题。与标准的 RNNs 神经元相比,GMU 采用加性分量实现了时间 t 向时间 $t+1$ 的演化。标准的 RNNs 状态通常来自于历史信息和当前信息。不同的是,GMU 可以保留历史信息,并递归整合成新的信息。

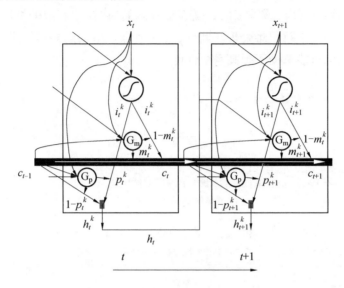

图 2.9 GMU 在时间步长中的展开

与 LSTMs 类似,GMU 也使用记忆单元作为高速通道。通过适当的缩放操作,从记忆单元的内容中导出隐藏状态。两者的区别在于,由于 GMU 单元使用了插值,其信息范围是稳定的。

与 GRU 类似,GMU 使用插值结构来合并历史信息和当前信息,两者都有 1 个简单的计算组件。与 GRU 不同的是,GMU 使用记忆单元来存储历史信息,而不是激活值本身,这样可以更好地保证记忆单元的独立性和隐藏状态。

2.5.2 前向传播

GMU 中的记忆单元使用 logistic-sigmoid 函数变换,表示为

$$a_t^k = \sum_{l=1}^{I} w_{l,k}^{m,x} x_t^l + \sum_{j=1}^{H} w_{j,k}^{h,m} h_{t-1}^j + w_k^{c,m} * c_{t-1}^k$$

$$m_t^k = \sigma(a_t^k)$$

同样,操作门表示为

$$b_t^k = \sum_{l=1}^{I} w_{l,k}^{x,p} x_t^l + \sum_{j=1}^{H} w_{j,k}^{h,p} h_{t-1}^j + w_k^{c,p} * c_t^k$$

$$p_t^k = \sigma(b_t^k)$$

输入变换可以由下式计算得到:

$$\tilde{i}_t^k = \sum_{l=1}^{I} w_{i,k}^{x,i} x_t^l + \sum_{j=1}^{H} w_{j,k}^{h,i} h_{t-1}^j$$

$$i_t^k = h\binom{\tilde{i}_t^k}{t}$$

通过迭代,可以得到隐藏状态或激活状态:

$$h_t^k = (1 - m_t^k) c_{t-1}^k + m_t^k i_t^k$$

用下式对记忆单元进行更新:

$$c_t^k = (1 - p_t^k) i_t^k + p_t^k c_{t-1}^k$$

2.5.3 后向传播

本节将列出关键的一步(导出梯度)。首先,定义隐藏状态的导数为

$$-\varepsilon_t^{h,k} \stackrel{\text{def}}{=\!=\!=} \frac{\partial L}{\partial h_t^k}$$

同样定义记忆单元的微分为

$$\varepsilon_t^{c,k} \stackrel{\text{def}}{=\!=\!=} \frac{\partial L}{\partial c_t^k}$$

从而可以得到记忆单元的梯度为

$$\varepsilon_t^{c,k} = \varepsilon_t^{h,k}(1 - m_t^k) + \varepsilon_{t+1}^{c,k} p_t^k + \delta_{t+1}^{p,k} w_k^{c,p} + \delta_{t+1}^{m,k} w_k^{c,m}$$

操作门的梯度为

$$\delta_t^{p,k} = \sigma'(b_t^k) \varepsilon_t^{c,k} (i_t^k - c_{t-1}^k)$$

记忆门的梯度为

$$\delta_t^{m,k} = \sigma'(a_t^k) \varepsilon_h^{c,k} (c_{t-1}^k - i_t^k)$$

输入变换的梯度为

$$\delta_t^{\tilde{i},k} = h'(\tilde{i}_t^k)(\varepsilon_t^{h,k} m_t^k + \varepsilon_t^{c,k}(1 - p_t^k))$$

2.5.4 实验设置

与2.4节不同,本节简化了实验过程。首先,不考虑对比集,只在输出层设置2 750个单元;其次,没有使用来自OLHWDB 1.x的隔离样本。为了使用提前停止技术,将5%的训练数据随机抽取作为验证集。

本节研究了 2 种网络结构,1 种是具有 3 个隐藏层的双向递归网络,另一种是具有 6 个隐藏层的双向递归网络。考虑了 4 种类型的神经元,分别为 RNNs、GRU、GMU 和 LSTMs。每个双向递归网络的输入层有 3 个节点,输出层有 2 750 个节点,所有采样层的窗口宽度都为 2。网络设置分别见表 2.5 和表 2.6。提前停止是为了避免训练时过拟合。当验证集上连续 20 轮的错误率没有下降时,训练过程停止。小批量设置为 32 个文本行,学习率由 AdaDelta 算法(Zeiler,2012)驱动,动量为 0.95。使用最大路径译码算法将网络输出转换为文本输出,不受任何语言约束。对于每个网络,给出了 4 次运行结果。对识别结果进行总结,给出了错误率的最小、最大、均值和标准方差。

表 2.5 3 个隐藏层的网络设置

神经元类型	参数/百万	设置
RNNs	1	3I - 64R - 96S - 160R - 2750O
GRU	1.18	
GMU	1.19	
LSTMs	1.28	

表 2.6 6 个隐藏层的网络设置

神经元类型	参数/百万	设置
RNNs	1.19	3I - 48R - 64S - 96R - 128R - 144S - 160R - 2750O
GRU	1.62	
GMU	1.63	
LSTMs	1.83	

在 CTC 波束搜索译码过程中,以输出单元的倒数作为阈值修剪输出概率,并确定波束大小为 64。

2.5.5 实验结果

本节首先研究 4 个 3 层网络,选择 1 次验证过程,结果(没有语言约束)如图 2.10 所示。GMU 的收敛速度最快,对验证数据的识别错误率最低。

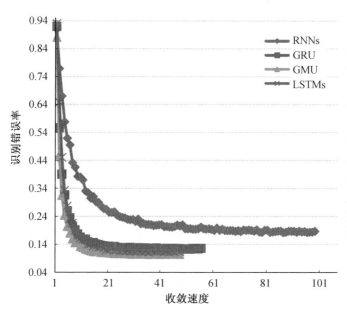

图 2.10 3 层网络的验证结果

在测试集中使用不同的语言约束对模型进行评估,结果见表 2.7。从表中可以看出,GMU 在几乎所有的指标中取得了最好的结果。一般来说,GMU 比 GRU 好 1% 左右,比 LSTMs 好 2% 左右。考虑网络初始化的敏感性,GMU 是最稳定的。

表 2.7 3 层网络的中文轨迹识别结果

神经元类型		错误率/%			
		最小值	最大值	均值	标准方差
RNNs	无语言约束	19.75	21.43	20.57	0.70
GRU	二元模型	17.25	21.33	18.84	1.78
	三元模型	14.75	18.55	16.24	1.66
	无语言约束	11.55	13.81	12.65	0.95
GMU	二元模型	9.18	12.10	10.53	1.24
	三元模型	7.76	10.41	8.97	1.13
	无语言约束	11.50	11.96	11.63	0.22

续表 2.7

神经元类型		错误率/%			
		最小值	最大值	均值	标准方差
LSTMs	二元模型	9.25	9.59	9.35	0.16
	三元模型	7.70	8.12	7.84	0.19
	无语言约束	12.32	13.02	12.76	0.31
	二元模型	10.84	11.52	11.33	0.33
	三元模型	9.28	10.14	9.82	0.38

进一步考虑6层网络,选择1次验证过程,结果(没有语言约束)如图2.11所示。3个成熟的循环神经元(GRU、GMU、LSTMs)在早期的收敛速度明显快于标准神经元,错误率也明显小。同时,RNNs能快速触发早停。GMU的性能接近于GRU,收敛速度略快于LSTMs。

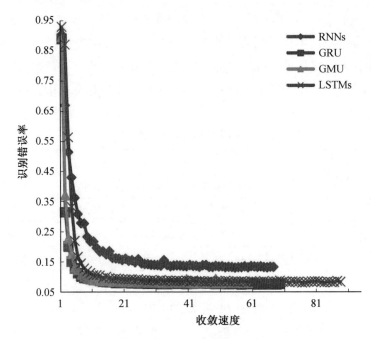

图2.11 6层网络的验证结果

最后,利用不同的语言约束在测试集上对6层模型进行评价,结果见表2.8。从表中可以看出,GRU的错误率最低,GMU次之,两者差异很小。此外,GMU对网络初始化不敏感。在这里,GMU是GRU和LSTMs的1个很好的选择。

表2.8 6层网络的中文轨迹识别结果

神经元类型		错误率/%			
		最小值	最大值	均值	标准方差
RNNs	无语言约束	14.39	15.23	14.67	0.39
GRU	二元模型	11.52	12.45	11.86	0.44
	三元模型	9.74	10.75	10.09	0.47
GMU	无语言约束	8.65	9.01	8.85	0.17
	二元模型	6.97	7.29	7.12	0.15
	三元模型	6.06	6.40	6.23	0.14
	无语言约束	8.92	9.02	8.99	0.046
	二元模型	7.20	7.37	7.28	0.072
	三元模型	6.34	6.43	6.39	0.047
LSTMs	无语言约束	8.91	9.16	9.09	0.12
	二元模型	7.32	7.66	7.52	0.14
	三元模型	6.38	6.76	6.60	0.16

2.6 结 论

本章探讨了深度RNNs体系结构的设计方法。从管道角度出发,本章提出了1种新颖的用于顺序数据标记任务的端到端识别体系结构。与以往的方法不同,本章直接将原始轨迹输入到网络中,利用长时间的上下文依赖关系和复杂的动态变化引入编码的混合结构。CTC目标函数使训练模型不需要数据级注释,并提出了1种改进的波束搜索译码算法,有效地整合了语言约束。实验结果表明,本章方法在测试集上明显优于最先进的方法。在更具挑战性的对比集上进一步评估,本章结果可以与已经发表的结果相媲美。

在微神经元层面,本章提出了1种新的循环神经元GMU,该灵感来自LSTMs和GRU。为了形成高速通道,设计了自连接记忆单元。在GMU中,有

2个插值门,每一个都有1个特定的功能,它们独立地工作在一起。实验结果表明,GMU可以很好地替代LSTMs和GRU。

本章参考文献

[1] Amodei D et al (2016) Deep speech 2: end-to-end speech recognition in English and Mandarin. In: Proceedings of the 33rd international conference on machine learning, New York, USA.

[2] Bengio Y, Simard P, Frasconi P (1994) Learning long-term dependencies with gradient descent is difficult. IEEE Trans Neural Netw 5(2):157-166.

[3] Cheriet M et al (2007) Character recognition systems: a guide for students and practitioners. Wiley, Hoboken.

[4] Cho K et al (2014a) Learning phrase representations using RNNs encoder-decoder for statisticalmachine translation. In: Proceedings of conference on empirical methods in natural languageprocessing.

[5] Cho K et al (2014b) On the properties of neural machine translation: Encoder-decoder approaches. arXiv preprint arXiv:1409.1259.

[6] Gers F A, Schmidhuber J, Cummins F (2000) Learning to forget: continual prediction with LSTMs. Neural Comput 12(10):2451-2471.

[7] Gers F A, Schraudolph NN, Schmidhuber J (2002) Learning precise timing with LSTMs recurrentnetworks. J Mach Learn Res 3(1):115-143.

[8] Goodfellow I, Bengio Y, Courville A (2016) Deep learning. MIT Press, Cambridge, MA.

[9] Graves A (2012a) Supervised sequence labelling. In: Supervised sequence labelling with recurrentneural networks. Springer, Berlin 54T. Su 等,.

[10] Graves A (2012b) Supervised sequence labelling with recurrent neural networks. Springer, Berlin.

[11] Graves A, Jaitly N (2014) Towards end-to-end speech recognition with recurrent neural networks. In: Proceedings of the 31st international conference on machine learning, Beijing, China.

[12] Graves A, Schmidhuber J (2009) Offline handwriting recognition with multidimensional recurrent neural networks. In Advances in Neural Information Processing Systems (NIPS), 855-868.

[13] Graves A et al (2009a) A novel connectionist system for unconstrained handwriting recognition. IEEE Trans PAMI 31(5):855-868.

[14] Graves A et al (2009b) A novel connectionist system for unconstrained handwriting recognition. IEEE Trans Pattern Anal Mach Intell 31(5):855-868.

[15] Graves A, Mohamed A.-r, Hinton G (2013) Speech recognition with deep recurrent neural networks. In ICASSP, IEEE International Conference on Acoustics, Speech and Signal Processing-Proceedings, 6645-6649.

[16] Hochreiter S, Schmidhuber J (1997) Long short-term memory. Neural Comput 9(8):1735-1780.

[17] Liu J-H (1966) Real time Chinese handwriting recognition. Department of Electrical Engineering, Massachusetts Institute of Technology, Cambridge.

[18] Liu C-L et al (2011) CASIA online and offline Chinese handwriting databases. In: Proceedings of the International Conference on Document Analysis and Recognition (ICDAR), 37-41.

[19] Liu C-L et al (2013) Online and offline handwritten Chinese character recognition: benchmarking on new databases. Pattern Recogn 46(1):155-162.

[20] Liu Q, Wang L, Huo Q (2015) A study on effects of implicit and explicit language model information for DBLSTM-CTC based handwriting recognition. In: Proceedings of the International Conference on Document Analysis and Recognition (ICDAR), 461-465.

[21] Lv Y et al (2013) Learning-based candidate segmentation scoring for real-time recognition of online overlaid Chinese handwriting. In Proceedings of the International Conference on Document Analysis & Recognition (ICDAR), 74-78.

[22] Messina R, Louradour J (2015) Segmentation-free handwritten Chinese text recognition with LSTMs-RNNs. In: Proceedings of the International

Conference on Document Analysis and Recognition (ICDAR), 171-175.

[23] Russakovsky O et al (2015) ImageNet large scale visual recognition challenge. Int J Comput Vis 115(3):211-252.

[24] Schuster M, Paliwal K (1997) Bidirectional recurrent neural networks. IEEE Trans Signal Process 45:2673-2681.

[25] Stolcke A (2002) SRILM-an extensible language modeling toolkit. In: Proceedings of the 7th international conference on spoken language processing, Colorado, USA.

[26] Su T, Zhang T, Guan D (2007) Corpus-based HIT-MW database for offline recognition of general-purpose Chinese handwritten text. Int J Doc Anal Recognit 10(1):27-38.

[27] Su T, Zhang T, Guan D (2009) Off-line recognition of realistic Chinese handwriting using segmentation-free strategy. Pattern Recogn 42(1):167-182.

[28] Wang D-H, Liu C-L (2013) Learning confidence transformation for handwritten Chinese text recognition. Int J Doc Anal Recognit 17(3):205-219.

[29] Wang D-H, Liu C-L, Zhou X-D (2012a) An approach for real-time recognition of online Chinese handwritten sentences. Pattern Recogn 45(10):3661-3675.

[30] Wang Q-F, Yin F, Liu C-L (2012b) Handwritten Chinese text recognition by integrating multiple contexts. IEEE Trans PAMI 34(8):1469-1481.

[31] Xie Z, Sun Z, Jin L, Feng Z, Zhang S (2016) Fully convolutional recurrent network for handwritten Chinese text recognition. In: arXiv.

[32] Yin F et al (2013) ICDAR 2013 Chinese handwriting recognition competition. In: Proceedings of the International Conference on Document Analysis and Recognition (ICDAR), 1464-1470.

[33] Zeiler MD (2012) Adadelta: an adaptive learning rate method. In: arXiv preprint arXiv:1212-5701.

[34] Zhang H, Wang D-H, Liu C-L (2014) Character confidence based on N-

best list for keyword spotting in online Chinese handwritten documents. Pattern Recogn 47(5):1880-1890.

[35] Zhou XD et al (2013) Handwritten Chinese/Japanese text recognition using Semi-Markov conditional random fields. IEEE Trans PAMI 35 (10): 2413-2426.

[36] Zhou X-D et al (2014) Minimum-risk training for semi-Markov conditional random fields with application to handwritten Chinese/Japanese text recognition. Pattern Recogn 47(5):1904-1916.

[37] Zhou M-K et al (2016) Discriminative quadratic feature learning for handwritten Chinese characterrecognition. Pattern Recogn 49:7-18.

[38] Zobrak MJ (1966) A method for rapid recognition hand drawn line patterns. University of Pittsburgh, Pennsylvania.

[39] Zou Y et al (2011) Overlapped handwriting input on mobile phones. In: Proceedings of the International Conference on Document Analysis & Recognition (ICDAR),369-373.

第3章　基于深度学习的汉字手写体识别和中文文本手写体识别

本章介绍了基于深度学习的汉字手写体识别和中文文本手写体识别的研究进展。在汉字手写体识别中,本章将传统的联合归一化有向分解特征映射(称为直接映射)与深度卷积神经网络结合,在此框架下可以消除数据扩充和模型集成的需求,这些需求在其他系统中得到了广泛应用。尽管基线要求准确率非常高,但本章证明了在这种情况下,使用类型转换映射(style transfer mapping,STM)的书写者自适应方法仍能够有效地进一步提高性能。在中文文本手写体识别中,本章使用了1种基于过渡分割和路径搜索并结合了多种上下文的算法,其中语言模型和汉字形状模型起着重要的作用。本章提出了2类特征级神经网络语言模型(neural network language model,NNLMs),即前馈神经网络语言模型(feedforward neural network language model,FNNLMs)和递归神经网络语言模型(recurrent neural network lauguage model,RNNLMs),以取代传统常用的后向 N 元语言模型(back-off language model,BLMs),将 FNNLMs、RNNLMs 与 BLMs 结合构建混合语言模型。为了进一步提高中文文本手写体识别的性能,本章还将汉字分类器、过渡分割和几何上下文模型替换为基于卷积神经网络的模型。本章通过将深度学习方法与传统方法结合,实现目前汉字手写体识别和中文文本手写体识别方面的最佳性能。

3.1　概　　述

汉字手写体识别(handwritten Chinese character recognition,HCCR)的研究已有五十多年的历史(Dai 等,2007;木村等,1987),它用来处理大量的汉字类型、相似汉字和个人书写风格不同所带来的挑战。根据输入数据的类型,汉字手写体识别可以分为在线和离线 2 种。在在线 HCCR 中,通过记录和分析笔尖运动轨迹,以识别所表达的语言信息(Liu 等,2004);而在离线 HCCR 中,主要通过对文本图像的分析和分类来完成识别语言信息。离线 HCCR 有多种应用,如银行支票阅读、邮件分类(Liu 等,2002)、书籍和手写笔记抄写;而在线 HCCR 则广泛应用于笔输入设备、个人数字助理、计算机辅助教育和智能手机等。

在过去的四十年中,中文文本手写体识别(handwritten Chinese text recognition,HCTR)领域也取得了巨大进步(Dai 等,2007;藤泽,2008)。汉字手写体识别不仅涉及汉字识别,还涉及汉字分割,由于汉字的大小和间距不规则,在汉字识别前无法可靠地进行汉字分割。由于书写风格的多样性、汉字分割的难度、较大的汉字集和无约束的语言域,HCTR 一直是 1 个具有挑战性的问题。基于汉字分类器、几何上下文模型相结合的过渡分割识别方法在 HCTR 中取得了成功(Wang 等,2012),其中语境模型和汉字形状模型是非常重要的。

为了促进 HCCR 和 HCTR 的学术研究进步和基准提高,中国科学院自动化研究所模式识别国家实验室在 CCPR – 2010(Liu 等,2010)、ICDAR – 2011(Liu 等,2011)和 ICDAR – 2013(Yin 等,2013)上组织了 3 次竞赛。竞赛结果显示,在过去一段时间内,有多种不同的改进识别方法,其中基于深度学习的改进识别方法是未来发展的 1 个主要趋势。深度学习在不同的领域产生深远影响(Bengio 等,2013;Hinton 和 Salakhutdinov,2006;LeCun 等,2015),HCCR 和 HCTR 的解决方案也从传统的方法转变为基于深度学习的方法。本章将深入研究的领域中特殊性知识的传统方法与现代的基于深度学习的方法结合,为 HCCR 和 HCTR 构建最先进的方法。

对于 HCCR,不用原始数据训练卷积神经网络,而是通过联合归一化方向分解的特征映射(直接映射)来表示在线和离线手写汉字体识别,它可以被视为 1 个 $d \times n \times n$(d 为量子化方向的数量,n 为映射的维度)维的稀疏张量。直接映射包含形状归一化和方向分解的领域特殊性知识,因此这是 HCCR 的 1 种强大表示。此外,受深度卷积神经网络成功用于进行图像分类的启发(Krizhevsky 等,2012;Szegedy 等,2015;Simonyan 和 Zisserman,2015),本章开发了 1 个用于 HCCR 的 11 层深度学习卷积神经网络。通过与直接映射的结合,能在相同的框架下实现在线和离线 HCCR 的最佳性能。

书写风格的巨大差异是 HCCR 的另一个挑战,书写者自适应方法(Sarkar 和 Nagy,2005;Connell 和 Jain,2002)通过逐步减少书写者独立系统和特定个体之间的不匹配来应对这一挑战。虽然基于深度学习的方法已经在 HCCR 中表现出很高的性能,并且已经超过了人工水平,但本章同样证明了书写者自适应方法在这种情况下仍然是有效的。基于早期类型转换映射(Zhang 和 Liu,2013),在深度卷积神经网络中添加了1个特殊的适应层以无监督的方式来匹配和消除训练数据及测试数据之间的分布变化,即使只有少量的样本也可以保证性能的提升。

对于 HCTR,使用神经网络语言模型和卷积神经网络形状模型改进了过渡分割方法。统计语言模型给出了1个汉字或词语序列的先验概率,在 HCTR 中起着重要的作用。早在二十多年前,就有学者提出了后向 N 元语言模型(Katz,1987;Chen 和 Goodman,1996),并在文本手写体识别中应用了十余年。最近,1 种称为神经网络的新型语言模型(Bengio 等,2003)已成功应用于文本手写体识别(Zamora-Martínez 等,2014;Wu 等,2015)。本章评估了2类特征集 NNLMs 的效果,即前馈神经网络语言模型(Bengio 等,2003;Schwenk,2007、2012;Schwenk 等,2012;Zamora-Martínez 等,2014;Wu 等,2015)和递归神经网络语言模型(Mikolov 等,2010、2011;Kombrink,2011)用于过渡分割文本识别系统。FNNLMs 和 RNNLMs 均与 BLMs 结合,构成混合型语言模型。实验结果表明,该语言模型有效提高了识别性能,并且混合递归神经网络模型优于其他神经网络模型。除了语言模型,汉字分类器(Wang 等,2016)、过渡分割(Liu 等,2002;Wu 等,2015;Lee 和 Verma,2012)和几何上下文模型(一般称为形状模型)(Zhou,2007)对文本识别性能也很重要。为了进一步提高 HCTR 的性能,本章将系统中所有的汉字分类器、过渡分割算法和几何上下文模型替换为基于卷积神经网络的模型,将神经网络语言模型与传统的卷积神经网络形状模型相结合,可以显著提高 HCTR 的性能。

本章是对作者之前的工作(Zhang 等,2017;Wu 等,2017)的重新整理。本章首先介绍 HCCR 系统中使用的不同组件,然后描述 HCTR 框架的详细步骤,最后对未来的研究进行展望。

3.2　汉字手写体识别

本节描述了汉字手写体识别的整个系统,包括方向分解特征映射、卷积神经网络、书写者自适应和基准数据集上的实验结果。

3.2.1　方向分解特征映射

形状归一化和方向分解是 HCCR 中的重要内容。形状归一化可以看作原始汉字和归一化汉字在连续二维空间中的坐标映射,因此方向分解可以在原始(联合归一化)汉字上实现,也可以在归一化(基准归一化)汉字上实现(Liu,2007)。联合归一化方法将原始汉字的方向元素映射到方向映射,而不生成归一化汉字,从而可以减少形状归一化导致的笔画方向失真的影响,并提高识别准确率(Liu,2007)。本节将使用联合归一化方法为在线 HCCR 和离线 HCCR 生成直接映射(Liu 等,2013)。

1. 离线直接映射

离线 HCCR 数据集提供背景像素标记为 255 的灰度图像。为了快速计算,先将灰度反转,即背景灰度为 0,前景灰度为[1,255];之后,将前景灰度水平非线性归一化到指定范围,以克服不同图像之间的灰度变化(Liu 等,2013)。对于离线汉字的形状归一化,选择线密度投影插值(line density projection interpolation,LDPI)方法,因为它具有优越的性能(Liu 和 Marukawa,2005)。对于方向分解,首先利用原始图像的 Sobel 算子计算梯度,然后利用平行四边形规则将梯度方向分解为相邻的 2 个标准链码方向(Liu 等,2003)。需要注意的是,在这个过程中,并没有生成归一化的汉字图像,而是将原始图像的梯度元素直接映射到标准图像大小的方向映射,并结合像素坐标变换。

2. 在线直接映射

在线 HCCR 数据集提供了笔画的坐标序列。对在线汉字手写体识别使用联合归一化方法,即通过无须生成归一化模式的原始模式进行坐标变换提取特征。用于在线 HCCR 的形状归一化方法是伪二维双矩归一化(Liu 和 Zhou,2006)。对于方向分解,将局部笔画方向(由 2 个相邻点构成的线段)分解为 8 个方向,然后生成每个方向的特征映射(Liu 和 Zhou 2006;Bai 和 Hou,2005)。虚数笔画(举笔画或落笔画)(Ding 等,2009)也添加了 0.5 的权重,得到增强表示。

3. 分析

为了构建紧凑表示,将特征的大小设置为32,因此生成的直接映射是1个 $8 \times 32 \times 32$ 张量。图 3.1 所示为汉字手写的在线映射和离线映射。

为了更好地进行说明,图 3.1 中显示了 8 个方向映射的平均映射。结果表明,与原始汉字相比,平均映射中的形状被归一化了。对离线汉字进行梯度分解,平均映射给出原始图像的轮廓信息。而对于在线汉字来说,由于局部笔画被分解,因此平均映射可以很好地重建输入汉字。图 3.1 已经考虑了虚拟笔画。由于梯度是垂直于局部笔画的,虽然采用相同的方向编码,但在线和离线方向的映射是不同的,因此直接映射是 HCCR 的 1 个强有力的表示,它利用了汉字在书写过程中基本方向笔画产生的先验知识。从图 3.1 可以看出,直接映射非常稀疏。实际上,在实验数据库中,直接映射中的 92.41%(在线)和 79.01%(离线)的元素为零。利用这种稀疏性,可以有效地存储和重用提取的直接映射。由于稀疏性,使用比原始图像小的映射不会丢失形状信息。

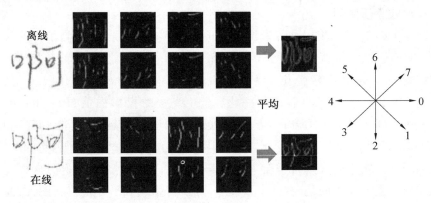

图 3.1 汉字手写的在线映射和离线映射

3.2.2 卷积神经网络

Zhang 等(2017)将传统的 HCCR 框架看作直接映射上的 1 个简化的卷积神经网络,因此将直接映射与深度卷积神经网络结合寻找新的标准是必要的。研究表明,深度对于卷积神经网络的成功至关重要(Szegedy 等,2015;Simonyan 和 Zisserman,2015)。考虑直接映射的大小(8 × 32 × 32),本节为 HCCR 构建了 1 个 11 层的卷积神经网络。

1. 结构

如图 3.2 所示,直接映射(在线或离线)一系列的卷积层,其中滤波器模板为较小的 3 × 3,这是捕捉左/右、上/下、中心的最小尺寸(Simonyan 和 Zisserman,2015),所有的卷积步长固定为 1。特征映射的数量由第 1 层的 50 逐渐增加到第 8 层的 400。空间池化广泛用于获得平移不变性(即对位置的鲁棒性)。为了增加网络的深度,特征映射的大小应缓慢减小。因此,在结构中,每 2 个卷积层之后实现 1 个空间池(图 3.2),通过最大池层(在 1 个 2 × 2 的窗口上,步长为 2)将特征映射的大小减半。经过 8 个卷积层和 4 个最大池层的叠加后,将特征映射进行展开并拼接成 1 个维度为 1 600 的向量。之后是 2

个全连接(full connected,FC)层(分别为 900 个和 200 个隐藏单元)。最后利用柔性最大(Softmax)层进行 3 755 路分类。

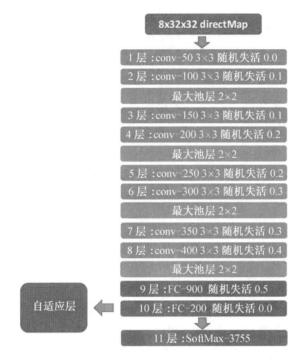

图 3.2　用于在线和离线 HCCR 的卷积神经网络结构

2. 正则化

正则化对于深度网络非常重要。随机失活(dropout)(Srivastava 等, 2014)是 1 种广泛使用的提高泛化性能的策略,可以通过为每一层设定退出概率随机丢弃单元来实现。除了第 1 层和第 10 层外,所有层都使用随机失活。如图 3.2 所示,随机失活的概率随着深度的增加而增加。第 10 层是 Softmax 层之前的最后 1 个 FC 层,因此可以看作 1 个非常高级的特征提取器。将第 10 层的维数设置为 200 以获得 1 个紧凑的表示(可以看作正则化),因此使第 10 层的退出概率为零。另一个正则化策略是使用 L2 范数的权重衰减,在训练过程中,衰减权乘数是 0.000 5。

3. 激活函数

激活函数是在网络中加入非线性的关键,修正线性单元(ReLU)是深度网络成功的关键之一(Krizhevsky 等,2012)。更一般的形式称为 leaky -

ReLU（马斯河等，2013），定义为$f(x) = \max(x,0) + \lambda \min(x,0)$（标准ReLU使用$\lambda = 0$），比传统的激活函数收敛更快，并能获得更好的性能（如sigmoid和tanh）。在卷积神经网络（图3.2）中，所有的隐藏层都配备了leaky – ReLU非线性值$\lambda = 1/3$。

4. 训练

整个网络是由反向传播算法训练的（Rumelhart等，1986），该训练是通过使用具有小批量动量梯度下降来最小化多类负对数似然损失实现的。小批量设置为1 000，动量设置为0.9。初始学习速率设定为0.005，学习速率降低至1/3，直到训练数据的成本或准确性停止提高。在训练过程中，因为直接映射是1个强大的表示，同时想让训练更有效率，因此没有使用任何的数据扩充方法来生成失真的样本，经过约70代训练结束。在每代之后都会对训练数据进行洗牌，以进行不同的小批量处理。在实验中，在线HCCR和离线HCCR采用相同的卷积神经网络结构，并采用相同的训练策略。

3.2.3 卷积神经网络的适配

为了使深度卷积神经网络适应特定书写者的书写风格，本节在之前工作的基础上提出了1个特殊的适应层（Zhang和Liu，2013），适应层可以放在网络中任何全连接层之后。假设$\phi(x) \in \mathbf{R}^d$是某1层的输出（激活）（称为源层），想将适应层放在这1层之后，首先从训练数据$\{x_i^{\text{trn}}, y_i^{\text{trn}}\}_{i=1}^N$中估计源层上的特定类别均值，其中$y_i^{\text{trn}} \in \{1, 2, \cdots, c\}$，$c$为类的数量：

$$\mu_k = \frac{1}{\sum_{i=1}^{N} \mathbb{I}(y_i^{\text{trn}} = k)} \sum_{i=1}^{N} \phi(x_i^{\text{trn}}) \mathbb{I}(y_i^{\text{trn}} = k) \quad (3.1)$$

当条件为真时，$\mathbb{I}(\cdot) = 1$，否则为0。$\{\mu_1, \cdots, \mu_c\}$为在源层的特定类别均值并将用于适应层的学习参数。

适应层包含权矩阵$A \in \mathbf{R}^{d \times d}$和偏移向量$b \in \mathbf{R}^d$，适应层上没有激活函数。假设有一些未标记的数据$\{x_i\}_{i=1}^n$用于调整，通过对预训练的卷积神经网络进行遍历，可以得到$y_i = \text{convNet}_{\text{pred}}(x_i) \in \{1, \cdots, c\}$。因为卷积神经网络的最后1层是Softmax层，所以可以对$f_i = \text{convNet}_{\text{Softmax}}(x_i) \in [0,1]$进行预测。有了这些信息，适应目的是减少训练和测试数据之间的不匹配。注意在源层已经有类别专用均值μ_k，适应问题可以表示为

$$\min_{A,b} \sum_{i=1}^{n} f_i \parallel A\phi(x_i) + b - \mu_{y_i} \parallel_2^2 + \beta \parallel A - I \parallel_F^2 + \gamma \parallel b \parallel_2^2 \quad (3.2)$$

式中，$\parallel \cdot \parallel_F$ 为矩阵 Frobenius 范数；$\parallel \cdot \parallel_2$ 为向量 L_2 范数；I 为单位矩阵。

式(3.2)的适应目标是将每个点 $\phi(x_i)$ 转换为源层上的特定类别均值 μ_{y_i}。由于预测 y_i 可能是不可靠的，每个变换都由网络 Softmax 层给出的置信度 f_i 来加权。在实际应用中，为了保证 n 较小情况下的自适应性能，采用 2 个正则化项，1 个是约束矩阵 A 与单位矩阵的偏差，另一个是约束 b 与零向量的偏差。当 $\beta = \gamma = +\infty$，得到 $A = I$ 和 $b = 0$，这意味着没有自适应。

得到 A 和 b 后，将源层和适应层结合，得到如下输出：

$$\text{output}(x) = A\phi(x) + b \in \mathbf{R}^d \quad (3.3)$$

然后将其输入到网络的下 1 层。在实践中，最好将适应层放在网络的瓶颈层之后，即与其他层相比，全连接层的隐藏单元最少，这样可以最大限度减小 A 和 b 的尺寸，从而使自适应更高效。基于这样的考虑，将卷积神经网络中的第 10 层(图 3.2)的维数设置为 200，而适应层正好位于这层之后。

式(3.2)中的 1 个问题是凸二次规划(quadratic programming, QP)问题，可以用闭合解有效求解(Zhang 和 Liu,2013)。针对卷积神经网络的无监督自适应问题，本节提出了 1 种自训练策略。首先将调整初始化为 $A = I$ 和 $b = 0$，在从卷积神经网络估计 y_i 和 f_i 之后，根据式(3.2)更新 A 和 b，采用新的参数 A 和 b 网络预测 y_i 和 Softmax 层的置信度 f_i 将更准确，因此重复这个过程以自动提高性能。关于书写者适应过程的更多细节可以在 Zhang 和 Liu (2013) 及 Zhang 等(2017)中找到，对卷积神经网络的适应也可以扩展到其他的应用。

3.2.4 实验

对在线 HCCR 和离线 HCCR 进行实验，将本章方法与其他先进方法进行比较，之后对 ICDAR – 2013 竞争数据集中的 60 位书写者进行了卷积神经网络的适应调整效果评估。

1. 数据库

为了训练卷积神经网络，CASIA(Liu 等,2011) 收集的数据集可以作为训练集使用，其中包含离线手写汉字数据集 HWDB 1.0 ~ 1.2 和在线手写汉字数据集 OLHWDB 1.0 ~ 1.2，本节将这些数据集(离线或在线)简单地表示为 DB 1.0 ~ 1.2。测试数据分别为 ICDAR – 2013 离线和在线竞赛数据集(Yin 等,2013)，由 60 位不同于训练数据集的书写者制作。特征等级为 3 755

(GB2312—80 中的一级数据集)。

2. HCCR 离线结果

表 3.1 展示了 ICDAR-2013 离线竞赛数据集不同方法的比较。从表中可以看出,传统方法(第2行)与人工识别(第1行)之间存在较大差距。通过 3 次竞赛,识别准确率逐步提高,表明了通过举办竞赛促进科研的有效性。在 ICDAR-2011 年,Liu 的团队(第4行)获得了第一名(Liu 等,2011),而在 ICDAR-2013 年,Yin 的团队(第5行)获得了第一名(Yin 等,2013)。在修正了他们系统中的 1 个错误(Ciresan 和 Schmidhuber,2013)之后,IDSIA 团队再次取得了最好的成绩(第6行)。之后,通过改进他们的方法(Wu 等,2014),Wu 的团队提升了他们的处理结果,见表 3.1 中的第 7 行。人工识别首次被 Zhong 等(2015)(第8行)的 Gaboro-GoogLeNet 超越,通过使用 10 个模型的集成,其准确率进一步提高到 96.74%(第 10 行)。最近,Chen 的团队(Chen 等,2015)通过使用适当的样本生成(局部和全局失真)、多监督训练和多模型集成进一步改进了系统,通过单一网络(第 11 行),准确率达到 96.58%,通过 5 个网络的集成,准确率提高到 96.79%(第 12 行)。本节提出的直接映射结合卷积神经网络的方法可以实现 1 个新的离线 HCCR 基准,见表 3.1 中第 13 行。特别地,本节结果是基于单一的网络的,并且由于直接映射的紧凑表示和特殊的卷积神经网络结构,与其他系统相比,本节方法内存使用量也最低。

表 3.1 ICDAR-2013 离线竞赛数据集不同方法的比较

编号	方法	团队	准确率 /%	内存 /MB	训练数据	失真	模型集成
1	人工识别	Yin 等 (2013)	96.13	—	—	—	—
2	传统方法 DFE+DLQDF	Liu 等 (2013)	92.72	120.0	1.0+1.1	否	否
3	CCPR-2010	Liu 等 (2010)	89.99	339.1	1.0+1.1	是	否
4	ICDAR-2011	Liu 等 (2011)	92.18	27.35	1.1	是	否
5	ICDAR-2011	Yin 等 (2013)	94.77	2402	1.1	是	是
6	Multi-Column DNN (MCDNN)	Ciresan 和 Schmidhuber (2013)	95.79	349.0	1.1	是	是

续表 3.1

编号	方法	团队	准确率/%	内存/MB	训练数据	失真	模型集成
7	ATR-CNNVoting	Wu 等(2014)	96.06	206.5	1.1	是	是
8	HCCR-Gabor-GoogLeNet	Zhong 等(2015)	96.35	27.77	1.0 + 1.1	否	否
9	HCCR-Ensemble-GoogLeNet-4	Zhong 等(2015)	96.64	110.9	1.0 + 1.1	否	是
10	HCCR-Ensemble-GoogLeNet-10	Zhong 等(2015)	96.74	270.0	1.0 + 1.1	否	是
11	CNN-Single	Chen 等(2015)	96.58	190.0	1.0 + 1.1 + 1.2	是	否
12	CNN-Voting-5	Chen 等(2015)	96.79	950.0	1.0 + 1.1 + 1.2	是	是
13	直接映射 + 卷积神经网络	本节	96.95	23.50	1.0 + 1.1	否	否
14	直接映射 + 卷积神经网络 + 自适应	本节	97.37	23.50	1.0 + 1.1	否	否

3. HCCR 在线结果

ICDAR-2013 在线竞赛数据集不同方法的比较见表 3.2。对于在线 HCCR，传统方法（第 2 行）已经优于人工识别（第 1 行），而在线 HCCR 人工方法的性能远远低于离线 HCCR 人工方法的性能，这是因为在线汉字（笔画坐标）作为静态图像的显示不如离线样本令人满意。3 场比赛在在线 HCCR 领域也有明显的进步。最佳单一网络（第 5 行）是英国华威大学（University of Warwick）的 ICDAR-2013 获奖者，它基于微分方程理论展示了带有签名的笔画轨迹特征（Graham,2013），并采用卷积神经网络的稀疏结构（Graham,2014）。Yang 等（2015）结合多个领域的知识和使用样本剔除训练策略，可以通过使用 1 个单一的网络（第 6 行）获得类似的性能，通过 9 个网络的集成，进一步将性能提高到 97.51%（第 7 行）。使用本节的直接映射与卷积神经网络结合的方法，可以为在线 HCCR 设置 1 个新的基准，见表 3.2 中的第 8 行，结果是基于 1 个没有数据扩充的单一网络，使得训练过程更高效。上述方法均基于卷积神经网络，有研究表明，基于递归神经网络的方法（Zhang 等,2018）可以进一步提高在线 HCCR 的性能。

表 3.2　ICDAR‐2013 在线竞赛数据集不同方法的比较

编号	方法	团队	准确率%	内存/MB	训练数据	失真	模型集成
1	人工识别	Yin 等 (2013)	95.19	—	—	—	—
2	传统方法 DFE + DLQDF	Liu 等 (2013)	95.31	120.0	1.0 + 1.1	否	否
3	CCPR‐2010	Liu 等 (2010)	92.39	30.06	1.0 + 1.1	否	是
4	ICDAR‐2011	Liu 等 (2011)	95.77	41.62	1.0 + 1.1 + 其他	是	否
5	ICDAR‐2013	Yin 等 (2013)	97.39	37.80	1.0 + 1.1 + 1.2	是	否
6	DropSample‐DCNN	Yang 等 (2015)	97.23	15.00	1.0 + 1.1	是	否
7	DropSample‐DCNN‐Ensemble	Yang 等 (2015)	97.51	206.5	1.0 + 1.1	是	是
8	直接映射 + 卷积神经网络	本节	97.55	23.50	1.0 + 1.1	否	否
9	直接映射 + 卷积神经网络 + 自适应	本节	97.91	23.50	1.0 + 1.1	否	否

4. 书写者自适应结果

　　书写者自适应是 HCCR 的 1 个重要课题,与传统方法和人工识别性能相比,基于深度学习的方法可以获得更高的准确率。然而,本节将证明深度卷积神经网络的书写者自适应仍然可以进一步提高性能。ICDAR‐2013 竞争数据集(Yin 等,2013)包含 60 位书写者,为了分析个体的自适应行为,考虑误差减少率:

$$R_{\mathrm{ED}} = \frac{R_{\mathrm{ED\,initial}} - R_{\mathrm{ED\,adapted}}}{R_{\mathrm{ED\,initial}}} \tag{3.4}$$

　　离线 HCCR 和在线 HCCR 的 60 位书写者的错误率如图 3.3 所示。从图中可以发现,所有的错误率都大于零(除了 1 位书写者),即自适应后,在线 HCCR 和离线 HCCR 的准确性都得到了持续提高;同时发现对于初始准确率较高的书写者,采用自适应的方法可以获得更多的改进,因为自我训练的成功依赖于最初的预测,如在图 3.3(a)的右上角,有 1 位书写者的初始准确率已经达到 99.33%,但经过自适应后,其准确率提高到 99.63%,错误降低率在

44%以上。

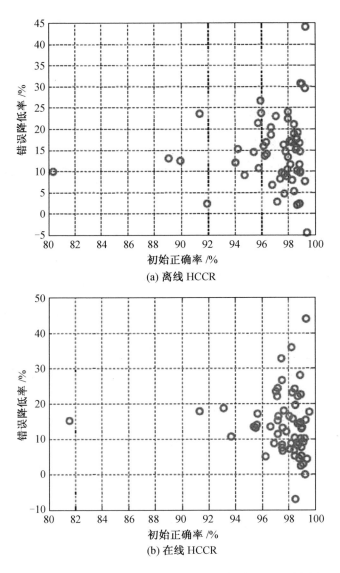

图 3.3 离线 HCCR 和在线 HCCR 的 60 位书写者的错误降低率

60 位书写者自适应后的准确率分别见表 3.1 中的第 14 行和表 3.2 中的第 9 行，离线 HCCR 的准确率从 96.95% 提高到 97.37%，在线 HCCR 的准确率从 97.55% 提高到 97.91%。需要注意的是，在自适应过程中，只向网络中加入了 1 个参数为 $A \in \mathbf{R}^{200 \times 200}$ 和 $b \in \mathbf{R}^{200}$ 的自适应层，与卷积神经网络的全尺寸相比微不足道,用于自适应的书写者特定数据的数量等于(或小于)类的数量。此外,整个过程是在无人监督的情况下进行的。综合考虑这些因素,可以得出本节提出的自适应层在提高卷积神经网络的准确率方面是有效的结论。

3.3 中文文本手写体识别

3.3.1 系统概述

本节介绍的系统是基于集成的分割与识别框架的,该框架通常包括文本行图像的过渡分割、分割识别候选格的构建和上下文融合的格内路径搜索等步骤。HCTR 系统框图如图3.4所示,并假设文本图像的预处理和文本行分割任务是在外部完成的。

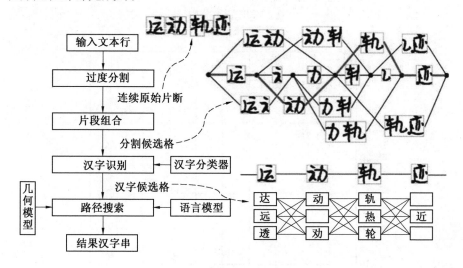

图 3.4　HCTR 系统框图

首先,通过连通分量分析和触摸模式分割将输入文本行图像过渡分割成一系列原始图像片段(Wang等,2012;Liu等,2002),使每个片段都是1个汉字或汉字的一部分。然后,将1个或多个连续片段组合生成候选汉字模式,形成1个分割候选格,格中的每条路径称为1个候选分割路径。对每个候选模式使用1个汉字分类器进行分类,1个候选分割路径中的所有候选模式形成1个汉字候选格。所有汉字候选格合并构成输入文本行的分段识别格,该格中的每条路径由1个汉字序列与1个候选模式序列配对构成,称为候选分段识别路径。剩下的任务是通过融合多个上下文对每个路径进行评估,以最小代价(或最大得分)搜索最优路径得到分割和识别结果。

将候选汉字模式序列表示为 $X = x_1, \cdots, x_m$,每个候选汉字由1个汉字分类器分配给候选类(记作 c_i),然后文本行识别的结果是1个汉字串 $c = c_1, \cdots, c_m$。本章从贝叶斯决策观点出发,制定了汉字串识别任务,并采用 Wang 等(2012)提出的路径评价标准,该标准综合了汉字分类器得分、几何上下文(Yin 等,2013)和语言上下文,本节直接给出下面的标准,更多的细节可以在 Wang 等(2012)中找到。

定义第 i 个汉字模式 x_i 的候选类 c_i 的汉字分类器输出为 $P(c_i \mid x_i)$。语言上下文表示为 $P(c_i \mid h_i)$,其中 h_i 表示 c_i 的历史。几何上下文模型给出一元类相关几何(unary class-dependent geometric,ucg)分数、一元类无关几何(unarg class-independent geometric,uig)分数、二元类相关几何(binary class-dependent geometric,bcg)分数和二元类无关几何(binary class-independent geometric,big)分数,分别定义为 $P(c_i \mid g_i^{\text{ucg}})$,$P(z_i^p = 1 \mid g_i^{\text{uig}})$,$P(c_{i-1}, c_i \mid g_i^{\text{bcg}})$ 和 $P(z_i^g = 1 \mid g_i^{\text{big}})$,其中,$g_i$ 表示对应的几何特征,输出分数由几何模型对提取的特征进行分类给出。将分割识别路径的对数似然函数 $f(X, C)$ 表示为

$$f(X,C) = \sum_{i=1}^{m} (w_i \log P(c_i \mid x_i) + \lambda_1 \log P(c_i \mid g_i^{\text{ucg}}) + \lambda_2 \log P(z_i^p = 1 \mid g_i^{\text{uig}}) + \lambda_3 \log P(c_{i-1}, c_i \mid g_i^{\text{bcg}}) + \lambda_4 \log P(z_i^g = 1 \mid g_i^{\text{big}}) + \lambda_5 \log P(c_i \mid h_i)) \quad (3.5)$$

式中,w_i 为用于克服对短汉字串偏差的补偿系数,为此使用了带有汉字模式宽度的加权(weighting with character parten width,WCW)(Wang 等,2012);$\lambda_1 \sim \lambda_5$ 为平衡不同模型效果的权重,并使用最大汉字准确率(maximum character accuracy,MCA)标准进行优化(Wang 等,2012)。

通过置信度变换(将分类器输出分数转化为概率)将1个汉字分类器、4个几何模型和1个汉字语言模型组合,对分割路径进行评估。对于路径搜索,采用改进的帧同步波束搜索算法(Wang 等,2012)分两步找到最优路径,首先在每帧保留有限数量得分最高的部分路径,然后找到第一步的全局最优路径。

3.3.2 神经网络语言模型

为了克服传统 BLMs 的数据稀疏性问题,本节将介绍2种类型的 NNLMs,

即 FNNLMs 和 RNNLMs。如果序列 C 包含 m 个汉字,则 $P(C)$ 可以分解为

$$p(C) = \prod_{i=1}^{m} p(c_i \mid c_1^{i-1}) \tag{3.6}$$

式中,$c_1^{i-1} = \{c_1, \cdots, c_{i-1}\}$ 表示汉字 c_i 的历史。对于 N 元模型,只考虑式(3.6) 中的 $N-1$ 个历史汉字:

$$p(C) = \prod_{i=1}^{m} p(c_i \mid c_{i-N+1}^{i-1}) = \prod_{i=1}^{m} p(c_i \mid h_i) \tag{3.7}$$

式中,$h_i = c_{i-N+1}^{i-1} = <c_{i-N+1}, \cdots, c_{i-1}>$($h_1$ 为空)。

尽管 FNNLMs 可以使用比 BLMs 更多的上下文进行训练,但它本质上是 1 个 N 元语言模型。然而,RNNLMs 在理论上可以摆脱有限的上下文模式,捕获无限的上下文模式,因此可以得到 $h_i = c_1^{i-1}$。

1. 前馈神经网络语言模型

在 FNNLMs 中,历史汉字(或英文文本中的单词)被投影到 1 个连续的空间中,以进行隐式平滑并估计序列的概率。投影和估计都可以由多层神经网络共同完成。Bengio 等(2003)提出了原始的 FNNLMs 模型来克服维度的限制,其基本结构包括 1 个隐藏层,如图 3.5(a)所示。图中,P 为 1 个投影的大小,H、V 分别为隐藏层和输出层的大小。N 元 FNNLMs 的输入由 $N-1$ 个历史汉字 h_i 的信息串联而成,输出为词汇表中所有汉字的后验概率为

$$p(c_i = \omega_j \mid h_i), \quad j = 1, \cdots, V \tag{3.8}$$

式中,V 为词汇量的大小;ω_j 为字典中的汉字类别。

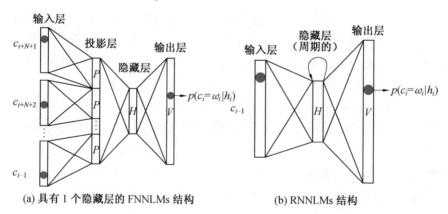

(a) 具有 1 个隐藏层的 FNNLMs 结构　　(b) RNNLMs 结构

图 3.5　具有 1 个隐藏层的 FNNLMs 结构和 RNNLMs 的结构

网络步骤如下。

(1) 前 $N-1$ 个输入汉字中的每一个汉字都使用 V 个编码中的 1 个进行编码。

(2) 汉字的每一个编码表示投影到连续空间中的 1 个低维向量,记为 r。实际上,$P \times V$ 维投影矩阵的每一列都对应 1 个分布式表示,并且投影层的所有权值都是共享的。

(3) 步骤(2)之后,如果将投影层和隐藏层之间的权值表示为 W,W 的维数为 $H \times ((N-1) \times P)$,使用列主形式,则 $N-1$ 个历史汉字的分布表示为
$$R = [r_{i-N+1}^T, \cdots, r_{i-1}^T]^T$$
则隐藏层输出计算为
$$S = \tanh(W_{P,H} * R) \tag{3.9}$$
式中,$\tanh(\cdot)$ 为执行元素的双曲正切激活函数。如果存在多个隐藏层,则式 (3.9) 将前一隐藏层的输出作为输入对后一隐藏层进行相同的处理。

(4) 计算词汇表中所有汉字的预测值:
$$M = W_{H,O} * S \tag{3.10}$$
$$O = \frac{\exp(M)}{\sum_{i=1}^{V} \exp(m_i)} \tag{3.11}$$
式中,$W_{H,O}$ 为输出层的 $V \times H$ 维权系数矩阵;M 为 Softmax 归一化前计算的激活值的向量;m_i 为 M 的第 i 个元素,按元素顺序执行 $\exp(\cdot)$ 函数和除法函数。

为了更简单地说明,上述公式将偏差项纳入权重参数。所有上述操作后,O 的第 j 个成分记为 o_j,对应的概率为 $p(c_i = \omega_j \mid h_i)$。训练中使用标准的后向传播算法,那么正则化交叉熵最小准则为
$$E = -\sum_{j=1}^{V} t_j \log o_j + \beta(|W_{P,H}|_2^2 + |W_{H,O}|_2^2) \tag{3.12}$$
式中,t_j 为期望的输出,即训练语句中的下一个汉字为 1,其他汉字为 0;log 的底可以是 e,也可以是 10。

2. 递归神经网络语言模型

RNNLMs 最早是在 Mikolov 等(2010)中提出的,它的结构(图3.5(b))与 FNNLMs 相似,只是隐藏层涉及重复连接,RNNLMs 还嵌入了单词/汉字表示投影,这个结构估计主要分为 3 个阶段。

(1) 时间步长 t 的输入 $R(t)$ 首先由两部分串联而成,由独热编码的前一

个单词 c_{i-1} 向量 $x(t-1)$,前一个隐藏层输出 $S(t-1)$,可以表示为
$$R(t) = [x(t-1)^T S(t-1)^T]^T \tag{3.13}$$
（2）将输入 $R(t)$ 分别投影到连续向量 $S(t)$ 中,$S(t)$ 是下一个隐藏层：
$$S(t) = \text{sigm}(W_{V,H} * x(t-1) + W_{H,H} * S(t-1)) \tag{3.14}$$
式中,sigm(·)为按元素顺序执行的 sigmoid 激活函数；$W_{V,H}$ 和 $W_{H,H}$ 分别是 $H \times V$ 投影和 $H \times H$ 周期性权系数矩阵。

（3）与 FNNLMs 方法中的步骤（4）相同,对词汇表中所有单词的概率进行相同的估计。

RNNLMs 通过正则化交叉熵最小化准则进行训练,该准则类似于式（3.12）。然而,使用反向传播（back-propagation through time,BPTT）算法（Mikolov 等,2011）对循环权值进行优化,并使用截断的 BPTT 来防止出现梯度消失或爆炸问题。

FNNLMs 与 RNNLMs 的主要区别在于对历史的再现。对于 FNNLMs 来说,历史局限于有限的历史汉字；而对于 RNNLMs 来说,由于存在周期性的联系,隐藏层在理论上代表了文本的整个历史。这样,RNNLMs 可以比 FNNLMs 更有效地探索更长的序列。

可以观察到,在使用较大的数据库时,RNNLMs 的体系结构应该有更多的隐藏单元（Mikolov 等,2011）,否则性能甚至会低于 BLMs。然而,隐藏层大小的增加也增加了计算复杂度。为了克服这个问题,Mikolov 等将 RNNLMs 与最大熵模型相结合（Mikolov 等,2011）,得到的模型称为 RNNME,可以与 BPTT 联合训练。RNNME 模型具有良好的性能,隐藏层尺寸相对较小。

在神经网络中,最大熵模型可以看作 1 个直接连接输入层和输出层的权值矩阵。当使用 N 元特征（Furnkranz,1998）时,直接连接部分可以与 RNNLMs 互补。因此 RNNME 结构相对简单,性能优越。此外,使用哈希算法可以提高 RNNME 的效率,RNNME 也可以看作 1 个带有小哈希数组的修剪模型。

3. 混合语言模型

对于大词汇量的任务,通常使用标准 BLMs 对 NNLMs 进行线性插值以进一步提升性能（Schwenk 等,2012）。在这种混合语言模型（hybrid language models,HLMs）中,插值权值通常是通过在开发数据集上使困惑度（perplexity,PPL）最小来估计的。

为了克服计算复杂度高的问题,NNLMs 通常采用简单的结构或近似方法

简化,将简化模型与 BLMs 结合得到混合模型。由于 NNLMs 与 BLMs 具有很强的互补性(Bengio 等,2003;Schwenk,2007;Joshua 和 Goodman,2001;Mikolov 等,2011),即使是性能中等的 NNLMs 也能显著提高 HLMs 的性能(Wu 等,2015),可以归因于 NNLMs 和 BLMs 学习的分布不同(Bengio 和 Senecal,2008)。

4. 加速

由于采用逐层矩阵计算,NNLMs 在训练和测试中都存在较高的计算复杂度,这与直接计算和召回概率的 BLMs 不同。由于 NNLMs 的复杂度基本上与 $O(|V|)$ 成正比(Bengio 等,2003),即输出层的 Softmax 操作占据大部分处理时间,有 2 种主流的加速技术,即短列表(Schwenk 等,2012)和输出因式分解(Morin 和 Bengio,2005;古德曼,2001),关于这个问题的更多细节可以在 Wu 等(2017)中找到。

3.3.3 卷积神经网络形状模型

为了进一步提高性能,本节考虑将 HCTR 框架的模块(汉字分类器、过渡分割和几何上下文模型)从传统方法改变成基于 CNNs 的模型,这些模型以汉字或文本图像的形式作为输入,因此通常称为形状模型。

1. 汉字分类器

本节构建了 1 个 15 层的 CNNs 作为汉字分类器,它类似于 HCCR 中使用的汉字分类器(只有少许修改)。除了直接映射外,还将原始汉字图像的大小调整为 32×32,同时保留长宽比作为额外的输入特征映射,从而提高了网络的收敛性。关于这个网络结构的更多细节可以在 Wu 等(2017)中找到。该网络用于执行 7 357 路分类,包括 7 356 个汉字类和 1 个非汉字类。非汉字类单元用来拒绝在文本行识别中频繁生成的非汉字(Liu 等,2004)。通过 Wang 等(2016)可以发现直接添加 1 个额外的负类比使用级联 CNNs 更好。

2. 过渡分割

过渡分割是将文本行图像分割成原语段,每个原语段是 1 个汉字或汉字的一部分,通过连接的原语段可以形成汉字。连通成分(connected component,CC)分析是中文文本识别中常用的过渡分割方法,但汉字的分割仍然是影响文本识别性能的关键。基于轮廓形状分析的常规分割方法(Liu 等,2002)已成功应用(Wang 等,2012、2014;Wu 等,2015),但它不能处理复杂的接触情况,如图 3.6(a)所示。为了提高汉字的分割率,本节采用了 1 种基于两阶段 CNNs 的过渡分割方法,其步骤如下。

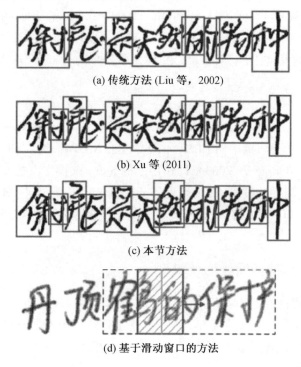

图 3.6 过渡分割举例

（1）利用 Xu 等(2011) 提出的基于视觉的前景分析方法,将文本行图像过渡分割成原始段,相邻原始段之间的位置为候选分割点,如图 3.6(b) 所示。

（2）使用二值化输出 CNNs 对步骤(1)生成的连通成分滑动窗口进行分类,检测更多的候选分割点,检测到彼此接近的分割点就可以被抑制掉。

之前的基于神经网络的过渡分割研究已经在场景文本识别方面证明了有效性(He 等,2015),本节从 2 个方面对该算法进行进一步的改进。首先,滑动窗口检测前的基于视觉的过渡分割前景分析(Xu 等,2011)是对滑动窗口方法的补充,可以加速后续操作;其次,本节使用 CNNs 作为分类器,而不是传统的神经网络,以提高分割点的检出率。步骤(2)将在下面详细说明。

在连通成分的图像上,固定宽度的窗口以 0.1 倍连通成分高度的步长从左向右滑动,如图 3.6(d) 所示。通过 CNNs 对窗口图像进行分类,判断中心列是否是分割点。窗口的高度与连通成分相同,宽度为连通成分高度的 0.8

倍。实验观察到,在步长系数为0.04~0.1、窗宽为0.6~1倍CC高度的情况下,分割和识别性能不敏感。

在训练CNNs进行分段点分类时,复杂的结构容易出现过拟合。因此,构建1个简单的4层网络进行二元分类(详见Wu等,2017),该网络还使用扩展直接映射作为输入。CNNs使用中心位置标记为分割点(正)或非分割点(负)的窗口图像样本进行训练。在连通成分图像上,经过滑动窗口分类的分割点检测后,将相邻的候选分割点进行合并,水平距离小于阈值,并保留1个最小的垂直投影。阈值根据经验设置为根据文本行图像的轮廓长度和前景像素数估计得到的笔画宽度。针对图3.6所示的示例,图3.6(b)的方法是在召回率方面比图3.6(a)的方法略好,本节方法在接触汉字的分割比图3.6(a)和图3.6(b)的方法更好。

3. 几何上下文模型

几何上下文模型已成功应用于汉字串的识别(Wang等,2012;Zhou等,2007)和记录的映射(Yin等,2013),它们在排除非汉字和进一步提高系统性能方面起到了重要作用。本节采用Yin等(2013)提出的几何上下文模型框架,其中几何上下文分为4种统计模型(一元和二元类相关、一元和二元类不相关),分别缩写为ucg、bcg、uig、big。

类相关几何模型可以看作对汉字分类器的补充,因为候选模式保留了没有为汉字分类而设计的规范化的原始轮廓。为汉字分类而设计的规范化可能会损失一些与书写风格相关、有用的上下文信息。继Yin等(2013)之后,将汉字几何类的数量减少到6个大类。uig模型用于衡量候选模式是否为有效汉字,而big模型用于衡量过渡分割间隙是否为有效汉字间隙,它们都是2类(二元分类)模型。

对于这4个几何模型的建模,首先提取几何特征,使用2次判别函数(ucg、bcg)或支持向量机(uig、big)进行分类,最后通过置信度变换将输出分数转化为概率。在统一的框架下利用CNNs进行特征提取和分类,然后直接使用1个特征单元的输出作为最终的分数。本节不是简单地将汉字模式调整为输入,而是通过多项式拟合获得文本行的中心曲线,因为在几何上下文模型中保持文本行的书写风格是必要的。多项式的次数设置为0.075倍的连通分量数,根据中心曲线和汉字高度调整每个连通分量的顶部和底部边界。在本节的例子中,使用了与Zhang等(2017)相同的CNNs结构,只是输出层的单元不同。为了保持书写风格,只使用原始的连通图像作为输入,没有使用直接映射。

3.3.4 实验

本节在 2 个数据库上评估了 HCTR 系统的性能,1 个是 CASIA - HWDB(Liu 等,2011) 大型离线中文手写体数据集,另一个是 ICDAR - 2013 中文手写体识别竞赛(Yin 等,2013) 的数据集,简称 ICDAR - 2013。

1. 设置

关于数据集和比较标准的实验设置细节可以见 Wu 等(2017),本节根据 2 个汉字级指标来评价识别性能(Su 等,2009),即准确率(CR)和精确率(AR):

$$\text{CR} = \frac{N_t - D_e - S_S}{N_t}$$

$$\text{AR} = \frac{N_t - D_e - S_S - I_e}{N_t} \tag{3.15}$$

式中,N_t 为测试文本中的汉字总数。

通过实时识别程序将识别汉字串结果与测试文本中的文本进行比较,计算出替换错误(S_e)、删除错误(D_e)和插入错误(I_e)。除了 AR 和 CR,还计算了开发集上语言模型的困惑度。由于实验涉及很多上下文模型,所以本节给出了相关的模型列表,见表 3.3。

表 3.3 HCTR 中使用的上下文模型列表

缩写	模型
cls(character classifer)	汉字分类器
g(union of geometric model)	所有几何模型的并集
cbi(charater bigram language model)	汉字二元语言模型
cti(character trigram language model)	汉字三元语言模型
cfour(character 4-gram language)	汉字四元语言模型
cfive(character 5-gram language)	汉字五元语言模型
rnn(character recurrent neural network language model)	汉字递归神经网络语言模型
iwc(interpolating word and classbigram)	汉字插值和双类

通用语言模型是在 1 个包含约 5 000 万个汉字的文本库上进行训练,与 Wang 等(2012) 相同。

第3章　基于深度学习的汉字手写体识别和中文文本手写体识别

为与Wang等(2014)的结果相比,本节也在相同的文本库上训练语言模型,该文本库包含上述通用文本库和来自搜狗实验室的文本库,文本库包含大约16亿个汉字。此外,本节从人民日报文本库(Yu等,2003)和ToRCH2009文本库(http://www.bfsu-corpus.org/channels/corpus)中收集了1个包含380万汉字的开发集,用于验证训练后的语言模型。

2. 语言模型的作用

本节首先比较了在通用文本库上训练的语言模型和传统的过渡分割在系统中的识别性能,不同类型的系统、FNNLMs和RNNLMs的详细比较见Wu等(2017)的研究成果。由于ICDAR 2013中文手写体识别竞赛的测试集被广泛用于性能测试,本节展示了这个数据集的结果,同时给出3种语言模型(五元BLMs、RNNME和HRMELM)的识别结果,其中HRMELM表示用五元BLMs插值的基于RNNME的HLMs;识别结果见表3.4,表中还给出了带候选汉字增强(candidate character augmentation,CCA)的内插词类二元图的结果(Wang等,2012)。由于CCA的影响,内插词类二元图甚至超过了基于汉字的五元BLMs。从表中可以看出,RNNME的表现优于五元BLMs,并且HRMELM的表现最好。与Wang等(2012)的最新研究结果相比,仅借助汉字级语言模型,错误率降低了5.41%。

表3.4　ICDAR-2013数据集识别结果

语言模型类型	结合	AR/%	CR/%	时间/h	PPL
BLMs	cls + iwc + g + cca Wang等(2012)	89.28	90.22	—	—
BLMs	cls + cfive + g	89.03	89.91	2.44	73.09
RNNME	cls + rnn + g	89.69	90.41	5.86	56.50
HRMELM	cls + rnn + g	89.86	90.58	5.84	52.92

3. CNNs形状模型的效果

本节将传统的汉字分类器、过渡分割和几何上下文模型替换为CNNs形状模型,并将这3种基于CNNs的模型集成到识别系统中,验证性能的提高。本节使用了1种HRMELM。不同类型模型在2个数据集上的识别结果见表3.5。

表 3.5 不同类型模型在 2 个数据集上的识别结果

形状模型	语言模型	结合	CASIA – HWDB			ICDAR – 2013		
			AR/%	CR/%	时间/h	AR/%	CR/%	时间/h
传统模型	BLMs	cls + iwc + g + cca Wang 等(2012)	90.75	91.39	18.78	89.28	90.22	—
	BLMs	cls + cti + g + lma∗ Wang 等(2014)	91.73	92.37	10.17	—	—	—
	BLMs	cls + cfive + g	90.23	90.82	6.84	89.03	89.91	2.44
	HRMELM	cls + rnn + g	91.04	91.52	16.48	89.86	90.58	5.84
CNNs	BLMs	cls + cfive + g	95.05	95.15	8.67	94.51	94.64	2.96
	HRMELM	cls + rnn + g	95.55	95.63	16.83	95.04	95.15	6.68

∗ lma:语言模型自适应。

从表 3.5 中传统模型与本节中基于 CNNs 模型的比较,可以看出 CNNs 模型的优越性。结合 CNNs 形状模型,HRMELM 在 2 个数据集上都有较好的性能。作为参考,ICDAR – 2013 竞赛论文(Yin 等,2013)采用 Wang 等(2012)的方法获得了 89.28% 的 AR 和 90.22% 的 CR,效果是最好的。Messina 和 Louradour(2015) 为 HCTR 实现了 LSTMs – RNNs 框架(最初在 2009 年引入),并在 ICDAR – 2013 数据集上展示了具有潜力的识别性能(89.40% 的 AR)。Wang 等(2016)采用与本节方法相似的框架,在 CASIA – HWDB 测试集上实现了 95.21% 的 AR 和 96.28% 的 CR,在 ICDAR – 2013 数据集上实现了 94.02% 的 AR 和 95.53% 的 CR。值得一提的是,Messina 和 Louradour(2015)和 Wang 等(2016)在 ICDAR – 2013 数据集上测试时删除了一些特殊的符号。

4. 语言模型在大型文本库上的结果

为了更好地模拟语言环境,本节使用了 1 个包含 16 亿个汉字的大型文本库来扩展实验,文本库在之前的语言模型自适应工作中已经被使用过(Wang 等,2014)。在大型文本库上,用 Katz 平滑训练了五元 BLMs。由于在大型文本库上训练 NNLMs 太耗时,因此本节在包含 5 000 万个汉字的通用文本库上训练 NNLMs,并将其与在大型文本库上训练的 BLMs 结合。特别使用了在一般文本库上训练的 RNNME 模型,并将其与在大型文本库上训练的五元 BLMs 相结合,得到了 1 个混合模型 HRMELM。2 个数据集的识别结果见表 3.6。

表3.6 在大型数据库上使用语言模型在2个数据集上的识别结果

语言模型	形状模型	结合	CASIA-HWDB				ICDAR-2013			
			AR/%	CR/%	时间/h	PPL	AR/%	CR/%	时间/h	PPL
BLM	传统	cls + iwc + g + lma Wang等(2012)	91.73	92.37	10.17	—	—	—	—	—
	传统	cls + cti + g Wang等(2014)	90.66	91.28	9.83	—	—	—	—	—
	传统	cls + cfive + g	90.79	91.41	6.88	65.21	91.48	92.17	2.44	65.21
	CNNs	cls + cfive + g	95.36	95.46	8.91	65.21	96.18	96.31	2.93	65.21
HRM-ELM	传统	cls + rnn + g	91.64	92.11	16.57	46.25	91.59	92.23	5.93	46.25
	CNNs	cls + rnn + g	95.88	95.95	16.83	46.25	96.20	96.32	5.93	46.25

从表3.6中CASIA-HWDB的结果可以发现,在大型文本库上训练时,由于大型文本库缓解了数据稀疏问题,因此五元BLMs明显优于三元cti。虽然五元BLMs的性能通过大文本库得到提升,但RNNME在HRMELM中的性能仍然更好,与五元BLMs相比,RNNME在HRMELM错误率降低9.23%。此外,CNNs形状模型再次提高了在大型文本库中的系统性能,因为它们不仅提供了更大的包含正确候选汉字模式的潜力,还提供了更强的分类能力。与之前在大型文本库上使用lma的最优结果(Wang等,2014)相比,本节使用HRMELM和CNNs形状模型的方法将AR提高了4.15%。

表3.6中值得注意的是,在使用大型文本库训练语言模型时,HRMELM在ICDAR-2013数据集上并没有明显优于BLMs。ICDAR-2013数据集的文本大部分都包含在搜狗实验室的文本库中,因此BLMs可以很好地拟合测试数据,并具有较高的识别准确率。为了进一步研究这个问题,将ICDAR-2013文本库中出现的句子从大型文本库中删除。然而,由于该文本库的主题非常典型和集中,在ICDAR-2013数据集上可以用处理过的文本库训练出来的五元BLMs实现96.16%的AR和96.29%的CR。需要注意的是,语言模型对测试文本图像的过拟合。另外,神经网络语言模型可以很好地推广到未知文本。

5. 性能分析

图3.7所示为4行文本识别结果,揭示了导致识别错误的几个因素。对于每个示例,第1行是文本行图像,第2行是使用五元BLMs和传统模型的结果,

第3行是使用 HRMELM 和 CNNs 形状模型的结果,第4行是正确结果。本节考虑2种典型的设置,即五元 BLMs 与传统模型结合、最佳语言模型 HRMELM 与 CNNs 形状模型结合,这4个例子展示了语言模型和上下文评价模型的效果。图3.7(a)中的识别错误也出现在 Wang 等(2014)的研究结果中,并且没有通过语言模型自适应进行校正,然而 HRMELM 通过长期的背景关系对它进行了纠正。在图3.7(b)中,HRMELM 与 CNNs 形状模型结合对错误进行纠正,可以更好地对上下文进行建模。在图3.7(c)中,HRMELM 与 CNNs 形状模型结合对错误进行修正,而五元 BLMs 与传统模型结合不能对有接触的汉字进行分割。在图3.7(d)中,由于候选分割-识别路径评估的不准确性,使误差不可评估。

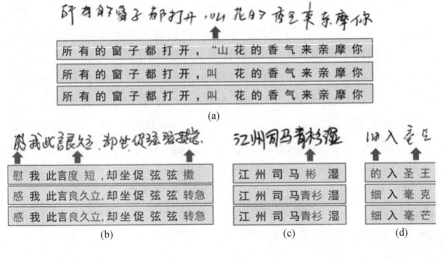

图3.7 4行文本识别结果

3.4 结　　论

本章将传统方法与现代深度学习方法相结合,分别介绍 HCCR 和 HCTR。具体来说,本章将深度卷积神经网络与针对在线 HCCR 和离线 HCCR 特定区域的形状归一化知识和方向分解(直接映射)相结合。将直接映射与1个11层的卷积神经网络相结合,可以在不需要数据扩充和模型集成帮助的情况下实现最优异的性能。虽然基于深度学习的方法可以达到很高的准确率,但本章证明深度网络的书写者自适应仍然可以持续显著提高性能。在 HCTR

中,本章对传统的过渡分割和路径搜索框架进行了2次修改(使用深度学习方法)。第1次修改是用于大段语言文本建模的神经网络语言模型,另一次修改是用于汉字分类器建模、过渡分割和几何上下文的卷积神经网络形状模型。有了本章所述的新方法,就可以实现 HCTR 的最新成果。为了进一步提高 HCCR 的性能,需要开发更先进的网络体系结构。从 HCCR 到 HCTR 的书写者自适应的扩展将会进一步提高性能,因为文本通常包含比汉字更多的形式。此外,为了进一步提高 HCTR 的性能,本章提出的方法有望与其他基于序列到序列模型的端到端深度学习结合。

本章参考文献

[1] Bai Z, Huo Q (2005) A study on the use of 8-directional features for online handwritten Chinese character recognition. In: Proceedings of International Conference Document Analysis and Recognition (ICDAR), 262-266.

[2] Bengio Y, Courville A, Vincent P (2013) Representation learning: a review and new perspectives. IEEE Trans Pattern Anal Mach Intell 35(8): 1798-1828.

[3] Bengio Y, Ducharme R, Vincent P, Jauvin C (2003) A neural probabilistic language model. J Mach Learn Res 3(2):1137-1155.

[4] Bengio Y, Senecal J-S (2008) Adaptive importance sampling to accelerate training of a neural probabilistic language model. IEEE Trans Neural Netw 19(4):713-722.

[5] Chen L, Wang S, Fan W, Sun J, Naoi S (2015) Beyond human recognition: a CNN-based framework for handwritten character recognition. In: Proceedings of Asian Conference on Pattern Recognition (ACPR).

[6] Chen SF, Goodman J (1996) An empirical study of smoothing techniques forlanguage modeling. In: Proceedings of 34th Annual Meeting on Association for Computational Linguistics, 310-318.

[7] Ciresan D, Schmidhuber J (2013) Multi-column deep neural networks for of offline handwritten Chinese character classification. arXiv:1309.0261.

[8] Connell SD, Jain AK (2002) Writer adaptation for online handwriting recognition. IEEE Trans Pattern Anal Mach Intell 24(3):329-346.

[9] Dai R-W, Liu C-L, Xiao B-H (2007) Chinese character recognition: history, status and prospects. Front Comput Sci China 1(2):126-136.

[10] Ding K, Deng G, Jin L (2009) An investigation of imaginary stroke technique for cursive online handwriting Chinese character recognition. In: Proceedings of International Conference on Document Analysis and Recognition (ICDAR), 531-535.

[11] Fujisawa H (2008) Forty years of research in character and document recognition—an industrial perspective. Pattern Recognit 41(8):2435-2446.

[12] Fürnkranz J (1998) A study using n-gram features for text categorization. Austrian Res Inst Artif Intell 3:1-10.

[13] Goodman J (2001) Classes for fast maximum entropy training. In: Proceedings of ICASSP, 561-564.

[14] Graham B (2013) Sparse arrays of signatures for online character recognition. arXiv:1308.0371.

[15] Graham B (2014) Spatially-sparse convolutional neural networks. arXiv:1409.6070.

[16] Graves A, Liwicki M, Fernández S, Bertolami R, Bunke H, Schmidhuber J (2009) A novel connectionist system for unconstrained handwriting recognition. IEEE Trans Pattern Anal Mach Intell 31(5):855-868.

[17] He X, Wu Y-C, Chen K, Yin F, Liu C-L (2015) Neural network based over-segmentation for scene text recognition. In: Proceedings of ACPR, 715-719.

[18] Hinton G, Salakhutdinov R (2006) Reducing the dimensionality of data with neural networks. Science 313(5786):504-507.

[19] Joshua T, Goodman J (2001) A bit of progress in language modeling extended version. In: Machine Learning and Applied Statistics Group Microsoft Research, 1-72.

[20] Katz S (1987) Estimation of probabilities from sparse data for the language model component of a speech recognizer. IEEE Trans Acoust Speech Signal Process 35(3):400-401.

[21] Kimura F, Takashina K, Tsuruoka S, Miyake Y (1987) Modified quadratic discriminant functions and the application to Chinese character recognition.

IEEE Trans Pattern Anal Mach Intell (1):149-153.

[22] Kombrink S, Mikolov T, Karafiát M, Burget L (2011) Recurrent neural network based language modeling in meeting recognition. In: INTERSPEECH, 2877-2880.

[23] Krizhevsky A, Sutskever I, Hinton G (2012) ImageNet classification with deep convolutional neural networks. In: Proceedings of Advances in NeuralInformation Processing Systems (NIPS), 1097-1105.

[24] LeCun Y, Bengio Y, Hinton G (2015) Deep learning. Nature 521(7553): 436-444.

[25] Lee H, Verma B (2012) Binary segmentation algorithm for English cursive handwriting recognition. Pattern Recognit 45(4):1306-1317.

[26] Liu C-L (2007) Normalization-cooperated gradient feature extraction for handwritten character recognition. IEEE Trans Pattern Anal Mach Intell 29 (8):1465-1469.

[27] Liu C-L, Jaeger S, Nakagawa M (2004) Online recognition of Chinese characters: the state-of-the-art. IEEE Trans Pattern Anal Mach Intell 26 (2):198-213.

[28] Liu C-L, Koga M, Fujisawa H (2002) Lexicon-driven segmentation and recognition of handwritten character strings for Japanese address reading. IEEE Trans Pattern Anal Mach Intell 24(11):1425-1437.

[29] Liu C-L, Marukawa K (2005) Pseudo two-dimensional shape normalization methods for handwritten Chinese character recognition. Pattern Recognit 38 (12):2242-2255.

[30] Liu C-L, Nakashima K, Sako H, Fujisawa H (2003) Handwritten digit recognition: benchmarking of state-of-the-art techniques. Pattern Recognit 36 (10):2271-2285.

[31] Liu C-L, Sako H, Fujisawa H (2004) Effects of classifier structures and training regimes on integrated segmentation and recognition of handwritten numeral strings. IEEE Trans Pattern Anal Mach Intell 26(11):1395-1407.

[32] Liu C-L, Yin F, Wang D-H, Wang Q-F (2010) Chinese handwriting recognition contest 2010. In:Proceedings of Chinese Conference on Pattern Recognition (CCPR).

[33] Liu C-L, Yin F, Wang D-H, Wang Q-F (2011) CASIA online and offline Chinese handwriting databases. In: Proceedings of International Conference on Document Analysis and Recognition (ICDAR), 37-41.

[34] Liu C-L, Yin F, Wang D-H, Wang Q-F (2013) Online and offline handwritten Chinese character recognition: benchmarking on new databases. Pattern Recognit 46(1):155-162.

[35] Liu C-L, Yin F, Wang Q-F, Wang D-H (2011) ICDAR 2011 Chinese handwriting recognition com-petition. In: Proceedings of International Conference on Document Analysis and Recognition (ICDAR), 1464-1469.

[36] Liu C-L, Zhou X-D (2006) Online Japanese character recognition using trajectory-based normalization and direction feature extraction. In: Proceedings of International Workshop on Frontiers in Handwriting Recognition (IWFHR), 217-222.

[37] Maas A, Hannun A, Ng A (2013) Rectifier nonlinearities improve neural network acoustic models. In: Proceedings of International Conference on Machine Learning (ICML).

[38] Messina R, Louradour J (2015) Segmentation-free handwritten Chinese text recognition with LSTMs-RNNs. In: Proceedings of 13th International Conference on Document Analysis and Recognition, 171-175.

[39] Mikolov T, Deoras A, Kombrink S, Burget L, Cernock'y J (2011) Empiricalevaluation and combination of advanced language modeling techniques. In: INTERSPEECH, 605-608.

[40] Mikolov T, Deoras A, Povey D, Burget L, Cernock'y J (2011) Strategies for training large scale neural network language models. In: Proceedings of ASRU, 196-201.

[41] Mikolov T, Karafiát M, Burget L, Cernock'y J, Khudanpur S (2010) Recurrent neural network based language model. In: Proceedings of INTERSPEECH, 1045-1048.

[42] Mikolov T, Kombrink S, Burget L, Cernock'y J, Khudanpur S (2011) Extensions of recurrent neural network language model. In: Proceedings of ICASSP, 5528-5531.

[43] Morin F, Bengio Y (2005) Hierarchical probabilistic neural network

language model. In: Proceedings of AISTATS, vol 5, 246-252.

[44] Rumelhart D, Hinton G, Williams R (1986) Learning representations by back-propagating errors. Nature 323(9):533-536.

[45] Sarkar P, Nagy G (2005) Style consistent classification of isogenous patterns. IEEE Trans Pattern Anal Mach Intell 27(1):88-98.

[46] Schwenk H (2007) Continuous space language models. Comput Speech Lang 21(3):492-518.

[47] Schwenk H (2012) Continuous space translation models for phrase-based statistical machine translation. In: Proceedings of COLING, 1071-1080.

[48] Schwenk H, Rousseau A, Attik M (2012) Large, pruned or continuous space language models on a GPU for statistical machine translation. In: Proceedings of NAACL-HLT 2012 Workshop, 11-19.

[49] Simonyan K, Zisserman A (2015) Very deep convolutional networks for large-scale image recognition. In: Proceedings of International Conference on Learning Representations (ICLR).

[50] Srivastava N, Hinton G, Krizhevsky A, Sutskever I, Salakhutdinov R (2014) Dropout: a simple way to prevent neural networks from overfitting. J Mach Learn Res 15(1):1929-1958.

[51] Su T-H, Zhang T-W, Guan D-J, Huang H-J Off-line recognition of realistic Chinese handwriting using segmentation-free strategy. Pattern Recognit 42(1):167-182 (2009).

[52] Szegedy C, Liu W, Jia Y, Sermanet P, Reed S, Anguelov D, Erhan D, Vanhoucke V, Rabinovich A (2015) Going deeper with convolutions. In: Proceedings of Computer Vision and Pattern Recognition (CVPR).

[53] Wang Q-F, Yin F, Liu C-L (2012) Handwritten Chinese text recognition by integrating multiple contexts. IEEE Trans Pattern Anal Mach Intell 34(8):1469-1481.

[54] Wang Q-F, Yin F, Liu C-L (2014) Unsupervised language model adaptation for handwritten Chinese text recognition. Pattern Recognit 47(3):1202-1216.

[55] Wang S, Chen L, Xu L, Fan W, Sun J, Naoi S (2016) Deep knowledge training and heterogeneous CNNs for handwritten Chinese text recognition.

In: Proceedings of 15th ICFHR, 84-89.

[56] Wu C, Fan W, He Y, Sun J, Naoi S (2014) Handwritten character recognition by alternately trained relaxation convolutional neural network. In: Proceedings of International Conference on Frontiers in Handwriting Recognition (ICFHR), 291-296.

[57] Wu Y-C, Yin F, Liu C-L (2015) Evaluation of neural network language models in handwritten Chinese text recognition. In: Proceedings of 13th International Conference on Document Analysis and Recognition, 166-170.

[58] Wu Y-C, Yin F, Liu C-L (2017) Improving handwritten Chinese text recognition using neural network language models and convolutional neural network shape models. Pattern Recognit 65:251-264.

[59] Xu L, Yin F, Wang Q-F, Liu C-L (2011) Touching character separation in Chinese handwriting using visibility-based foreground analysis. In: Proceedings of 11th International Conference on Document Analysis and Recognition, 859-863.

[60] Yang W, Jin L, Tao D, Xie Z, Feng Z (2015) DropSample: a new training method to enhance deep convolutional neural networks for large-scale unconstrained handwritten Chinese character recognition. arXiv:1505.05354.

[61] Yin F, Wang Q-F, Liu C-L (2013) Transcript mapping for handwritten Chinese documents by integrating character recognition model and geometric context. Pattern Recognit 46(10):2807-2818.

[62] Yin F, Wang Q-F, Zhang X-Y, Liu C-L (2013) ICDAR 2013 Chinese handwriting recognition com-petition. In: Proceedings of International Conference on Document Analysis and Recognition (ICDAR), 1095-1101.

[63] Yu S, Duan H, Swen B, Chang B-B (2003) Specification for corpus processing at Peking University: word segmentation, pos tagging and phonetic notation. J Chinese Lang Comput 13(2):1-20.

[64] Zamora-Martínez F, Frinken V, Espana-Boquera S, Castro-Bleda MJ, Fischer A, Bunke H (2014) Neural network language models for off-line handwriting recognition. Pattern Recognit 47(4):1642-1652.

[65] Zhang X-Y, Bengio Y, Liu C-L (2017) Online and offline handwritten Chinese character recognition: a comprehensive study and new benchmark.

Pattern Recognit 61:348-360.

[66] Zhang X-Y, Liu C-L (2013) Writer adaptation with style transfer mapping. IEEE Trans Pattern Anal Mach Intell 35(7):1773-1787.

[67] Zhang X-Y, Yin F, Zhang Y-M, Liu C-L, Bengio Y (2018) Drawing and recognizing Chinese characters with recurrent neural network. IEEE Trans Pattern Anal Mach Intell (PAMI) 40(4):849-862.

[68] Zhong Z, Jin L, Xie Z (2015) High performance offline handwritten Chinese character recognition using GoogLeNet and directional feature maps. In: Proceedings of International Conference on Document Analysis and Recognition (ICDAR).

[69] Zhou X-D, Yu J-L, Liu C-L, Nagasaki T, Marukawa K (2007) Online handwritten Japanese character string recognition incorporating geometric context. In: Proceedings of 9th International Conference on Document Analysis and Recognition, 48-52.

第4章　深度学习及其在自然语言处理中的应用

利用计算机程序处理大量语言数据的自然语言处理(natural language processing,NLP)是人工智能和计算机科学的重要研究领域,深度学习技术在这一领域已经得到了很好的发展和应用,但现有的文献始终缺乏能使读者快速理解深度学习技术如何应用于自然语言处理及应用前景的综述,本章将以理解自然语言为中心,介绍自然语言处理领域最新发展,来回答上述两个问题。首先,本章将探讨字嵌入或字表示方法;之后,本章将介绍2种有效的学习模型,即递归神经网络和卷积神经网络;接下来,本章将描述5个关键的自然语言处理应用(包括词性标记和命名实体识别)、2个基本的自然语言处理应用(机器翻译和自动英语语法纠错)、2种应用具有突出的商业价值(图像描述)、1种需要计算机视觉和自然语言处理技术的应用。此外,本章提供了一系列基准数据集,这对研究人员评估模型在相关应用程序中的性能非常有效。

4.1　概　　述

深度学习使神经网络和人工智能技术再次成为热点,从原始数据中有效学习数据表示(Le Cun等,2015;Goodfellow等,2016),在语音识别(Graves等,2013)和计算机视觉(Krizhevsky等,2017)方面具有出色的性能,目前,越来越多的研究已经转向自然语言处理领域。

本节主要围绕自然语言理解的主题,将从以下3个方面进行介绍。

(1) 总结神经语言模型,用来学习单词向量表示,包括 Word2vec 和 Glove(Mikolov等,2013;Pennington等,2014)。

(2) 本节介绍2种语言模型,即递归神经网络(Elman,1990;Chung等,2014;Hochreiter 和 Schmidhuber,1997)和卷积神经网络(Kim,2014;dos Santos 和 Gatti,2014;Gehring等,2017)。更具体来说,本章将介绍递归神经网

络的2个流行扩展,即长短时记忆网络(Hochreiter和Schmidhuber,1997)和门控循环单元网络(Chung等,2014),并简要讨论卷积神经网络对自然语言处理的效率。

(3)提炼并概述了5个关键的自然语言处理应用的发展,包括词性(part of speech,POS)标记(Collobert等,2011;Toutanova等,2003)、命名实体识别(named entity recognition,NER)(Collobert等,2011;Florian等,2003)、机器翻译(Bahdanau等,2014;Sutskever等,2014)、自动英语语法错误纠正(Bhirud等,2017;Hoang 等,2016;Manchanda 等,2016;Ng 等,2014)和图片描述(Bernardi等,2016;Hodosh等,2013;Karpathy和Fei-Fei,2017)。

最后,本章介绍了一系列基准数据集,这些数据集普遍用于上述模型和应用中,同时在本章的结尾对自然语言处理的最新进展进行简短的回顾,希望可以帮助刚接触该领域的研究人员迅速了解这一领域。

4.2 学习词汇表示

自然语言处理的1个关键问题是有效地表示原始文本数据中的特征。一般使用数字统计数据(如词语频率或词频逆文本频率)来确定单词的重要性,但在自然语言处理中,目标是从给定数据库中提取语义。为此,本节将介绍几种单词嵌入方法,包括 word2vec(Mikolov 等,2013)和 Glove(Pennington等,2014)。

单词嵌入(或词汇表示)可以说是自然语言处理历史上最广为人知的技术。形式上,单词嵌入形式可以由词汇表中每个单词的实数向量表示。有多种学习单词嵌入的方法,它们使相似的单词在语义空间中尽可能地接近,其中 word2vec 和 Glove 在最近引起了极大的关注,这2种方法都基于分布假设(Harris,1954),即出现在相似上下文中的单词具有相似的含义和通过单词中包含的部分认识这个单词(Firth,1957)。

Word2vec(Mikolov 等,2013)并不是1个全新的概念,但直到 Mikolov 等(2013)发表了两篇重要的论文之后,这个方法才开始流行起来。Word2vec模型是由浅层(仅2层)前馈神经网络构造的,用于重建单词的语言环境。网络通过大量的文本数据进行训练,然后产生1个向量空间,该空间用来显示其承载的语义关系。Mikolov 等(2013)的文章介绍了 2 种 word2vec 模型,分别为连续词袋(continuous bay of word,CBOW)和词条跳过技术。在 CBOW 中,单词嵌入是由有监督的深度学习方法构造的,它考虑了根据其周围上下文预测单词的虚假学习任务,该上下文通常被限制在 1 个小的单词窗口内;在词条跳过技术中,模型利用当前单词来预测其周围的上下文单词。2 种方法都将固定大小的内层向量的值作为嵌入。值得注意的是,在这 2 种方法下,上下文单词的顺序都不会影响预测。Mikolov 等(2013)在文献中指出,CBOW 的训练速度比词条跳过技术快,但是词条跳过技术在检测不常见单词方面性能更好。

word2vec 的 1 个主要问题是数据库数量巨大导致其计算量大。在 Mikolov 等(2013)的文章中,提出了分层 Softmax 和负采样来解决计算问题的方法。此外,为了提高计算效率,消除最常见的单词,采用了几种技巧,如 a、the 等,因为它们提供的信息价值比较少;学习常用短语并将其视为单个单词,如用 New_York 代替 New York。有关算法和技巧的更多详细信息见 Rong(2014)的文献。

Google Code Archive 提供了 C 语言 word2vec 的实现,其 Python 版本可以在 gensim 中下载。

Glove(Pennington 等,2014)是基于以下的假说而提出的:相关单词经常出现在同一文本中,并且着眼于 2 个单词的同现概率之比,而不是它们的同现概率。也就是说,Glove 算法涉及以单词同现矩阵 X 的形式收集单词同现统计信息,其元素 X_{ij} 表示单词 i 在单词 j 的上下文中出现的频率。它定义 1 个加权成本函数,以产生词汇表中所有单词的最终单词向量。

单词嵌入广泛应用于多种自然语言处理任务中。在 Kim(2014)的文章中,将预训练的 word2vec 直接用于句子级分类。在 Hu 等(2017、2018)的文章中,通过预测在线健康专家问答服务的质量,对经过预训练的 word2vec 进行测试。值得注意的是,单词向量维数的确定主要取决于任务,如较小的维度对命名实体识别(Melamud 等,2016)或词性标记(Plank 等,2016)等语法任务处理效果更好,而较大的维度对更多语义任务更有效,如情感分析(Ruder 等,2016)。

4.3 学习模型

自然语言处理模型中 1 个重要的问题是捕获句子的依赖关系,尤其是远距离的依赖关系,常用的方法是在语言模型中应用强大的序列数据学习模型,即递归神经网络(Elman,1990)。因此,本节将介绍递归神经网络方法,尤其是著名的长短时记忆网络(Hochreiter 和 Schmidhuber,1997)和门控循环单元(Chung 等,2014)。此外,本节还简要介绍在自然语言处理中可有效训练的卷积神经网络。

4.3.1 递归神经网络

递归神经网络是语言模型的强大工具,因为它能够捕获序列数据中的远距离依赖关系。对远距离依赖性进行建模的想法非常明确,即在计算当前隐藏状态 h_t 时,使用先前的隐藏状态 h_{t-1} 作为输入。RNNs 的结构如图 4.1 所示,其中递归节点可以展开为一系列节点。

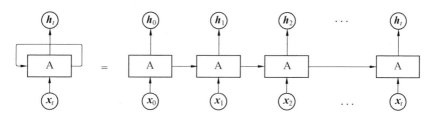

图 4.1 RNNs 的结构

在数学上,1 个递归神经网络可以由下列公式定义:

$$h_t = \begin{cases} \tanh(W_{xh}x_t + W_{hh}h_{t-1} + b_h) & t \geq 1 \\ 0 \end{cases} \quad (4.1)$$

式中,x_t 为第 t 个序列输入;W 为权值矩阵;b_h 为偏差向量。

在第 t 个($t \geq 1$)时间处,递归神经网络和标准神经网络之间的唯一区别在于从 $t-1$ 时间的隐藏状态到 t 时间的隐藏状态的附加连接 $W_{hh}h_{t-1}$。

尽管递归神经网络的计算十分简单,但会出现梯度消失的问题,这会导致权重几乎不变,无法进行训练;或者出现梯度爆炸的问题,这会导致权重发生很大变化,训练不稳定。这些问题通常出现在用于更新网络权重的反向传播算法中(Pascanu 等,2013)。在 Pascanu 等(2013)的文献中,提出了 1 种梯度范数裁剪策略来解决梯度爆炸问题,同时提出了 1 种软约束方法来解决梯度消失的问题。

递归神经网络对序列处理十分有效,尤其是对短期依赖关系,如相邻语境,如果序列很长,长期信息会丢失。长短时记忆网络(Hochreiter 和 Schmidhuber,1997)是 1 个成功且受欢迎的改进递归神经网络结构,长短时记忆网络的创新之处在于引入了记忆单元 c 和控制结构中信号流的门,如图 4.2(a) 所示的体系结构,相应的公式如下:

$$f_t = \sigma(W_{xf}x_t + W_{hf}h_{t-1} + b_f) \tag{4.2}$$

$$i_t = \sigma(W_{xi}x_t + W_{hi}h_{t-1} + b_i) \tag{4.3}$$

$$o_t = \sigma(W_{xo}x_t + W_{ho}h_{t-1} + b_o) \tag{4.4}$$

$$\tilde{c}_t = \tanh(W_{xc}x_t + W_{hc}h_{t-1} + b_c) \tag{4.5}$$

$$c_t = f_t \odot c_{t-1} + i_t \odot \tilde{c}_t \tag{4.6}$$

$$h_t = o_t \odot \tanh(c_t) \tag{4.7}$$

式中,σ 为在[0,1]范围内输出值的对数函数;W 和 b 分别为权矩阵和偏差向量;$\odot$ 为元素乘法运算符。

式(4.2)、式(4.3)和式(4.4)分别对应于遗忘门、输入门和输出门。其功能如同它们的名字,要么允许所有信号信息通过(门输出等于1),要么阻止信号通过(门输出等于0)。

除了以上介绍的标准长短时记忆网络,本章也提出了一些该方法的变型,并且被证明是有效的。在这些方法中,门控循环单元(Chung 等,2014)网络是最流行的方法之一,门控循环单元网络比标准长短时记忆网络更简单,它将输入门和遗忘门结合组成单更新门,该方法的体系结构如图 4.2(b) 所示,对应的公式如下:

$$r_t = \sigma(W_{xr}x_t + W_{hr}h_{t-1} + b_r) \tag{4.8}$$

$$z_t = \sigma(W_{xz}x_t + W_{hz}h_{t-1} + b_z) \tag{4.9}$$

$$\tilde{h}_t = \tanh(W_{xh}x_t + W_{hh}(r_t \odot h_{t-1}) + b_h) \tag{4.10}$$

$$h_t = (1 - z_t) \odot h_{t-1} + z_t \odot \tilde{h}_t \tag{4.11}$$

对比长短时记忆网络,门控循环单元网络的参数稍微少一些,没有单独的单元来存储中间信息。由于它的简便性,门控循环单元网络被广泛用于许

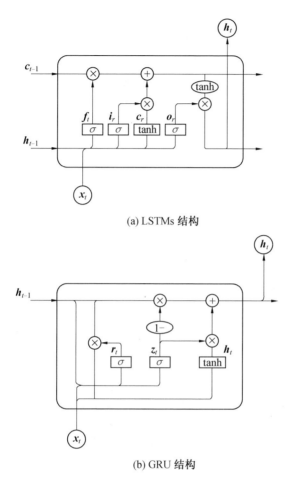

(a) LSTMs 结构

(b) GRU 结构

图 4.2　LSTMs 结构和 GRU 结构

多顺序学习任务中,以节省记忆或计算时间。除了门控循环单元网络,还有一些方法和长短时记忆网络具有相似但略有不同的结构。更多的详细介绍可以见 Gers 和 Schmidhuber(2000)、Koutnik 等(2014)、Graves 等(2017)和 Jozefowicz 等(2015)。

4.3.2　卷积神经网络

尽管递归神经网络是许多自然语言处理任务的理想选择,但这类方法有局限,大部分递归神经网络依赖于双向编码器来构建过去和将来语境的表示(Bahdanau 等,2014;Zhou 等,2016),这些方法 1 次只能处理 1 个单词,这在利用 GPU 计算的并行化结构来进行训练和输入序列的分层表示上不是最好的选择(Gehring 等,2017)。为了应对这些挑战,研究者们提出了用于神经机器翻译的卷积结构(Gehring 等,2017)。该方法借鉴了卷积神经网络的思想,利用带卷积滤镜的图层提取局部特征,并已成功应用于图像处理中(LeCun 等,1998)。在卷积结构中,输入元素 $x=(x_1,x_2,\cdots,x_m)$ 是嵌在 1 个分布空间 $w=(w_1,w_2,\cdots,w_m)$ 中,其中 $w_j \in \mathbf{R}^f$。最终的输入元素的表示是由 $e=(w_1+p_1, w_2+p_2,\cdots,w_m+p_m)$ 计算得到的,其中 $p=(p_1,p_2,\cdots,p_m)$ 是输入元素在 $p_j \in \mathbf{R}^f$ 上绝对位置的嵌入表示。在输入元素中应用卷积块结构来输出解码器网络 $g=(g_1,g_2,\cdots,g_n)$。根据相关文献,在 WMT'16 的英语 – 罗马尼亚语翻译中,所提出结构的性能超过此前的最好结果,达到 1.9 BLEU(Zhou 等,2016)。

卷积神经网络不仅可以利用 GPU 并行计算功能同时计算所有的单词,还展示了比长短时记忆网络模型更好的性能(Zhou 等,2016),其他的自然语言处理任务也证明了卷积神经网络的有效性,如句子层面的情感分析(Kim,2014;dos Santos 和 Gatti,2014)、数据层面的机器翻译(Costa – Jussa 和 Fonollosa,2016)和简单的问题回答(Yin 等,2016)。

4.4 深度学习的应用

本节列举 5 个自然语言处理领域关键应用场景的发展,词性标记和命名实体识别是自然语言处理的 2 个基本应用,可以丰富其他自然语言处理应用的分析(Collobert 等,2011;Florian 等,2003;Toutanova 等,2003);机器翻译和自动英语语法错误纠正是具有直接商业价值的应用(Bahdanau 等,2014;Bhirud 等,2017;Hoang 等,2016;Manchanda 等,2016;Ng 等,2014;Sutskever 等,2014);图像描述是 1 种同时需要计算机视觉技术和自然语言处理技术的重要应用(Bernardi 等,2016;Hodosh 等,2013;Karpathy 和 Fei – Fei,2017)。

4.4.1 词性标记

词性标记(Collobert 等,2011)的目的是给每个单词加上 1 个独特的标签,来表明它在句子中的作用,如复数名词、副词等。词性标记通常被用作多种自然语言处理任务的通用输入特性,如信息检索、机器翻译(Ueffing 和 Ney,2003)和语法检查(Ng 等,2014)等。

目前，最通用的词性标记类别是 Penn Treebank 项目的标签集，其定义了 48 种不同的标签（Marcus 等，1993），它在不同的自然语言处理函数库中经常被使用，如 Python 语言的 NLTK 库、斯坦福标签库和 Apache OpenNLP 库。

现有的标记算法通常可分为准则类和随机类 2 类。基于准则类的方法，如 Eric Brills 标记器（Brill，1992）和 Language Tool 的消歧准则通常都是人工编制，由数据库推导或合作开发的（如 Language Tool）。基于准则类的方法可以获得 1 个非常低的错误率（Brill，1992），但一般来说，与随机类方法相比，它没有那么精确。随机类方法则将词性标记序列建模为隐藏状态，如隐马尔可夫模型（hidden Markov model，HMMs）（Brants，2000）和最大熵马尔可夫模型（maximum entropy Markov model，MEMM）（McCallum 等，2000），这些可以通过观察句子的词序获知。Brants 利用隐马尔可夫模型对单词和标记同时出现的概率进行建模（Brants，2000），而 McCallum 利用最大熵马尔可夫模型对给定单词标记的条件概率进行建模，来输出相应的标记。

学者们提出了许多更高级的方法来改进隐马尔可夫模型和最大熵马尔可夫模型，这些方法包括利用双向循环依赖的网络标记器（Manning，2011）和其他利用语言特征的方法（Jurafsky 和 Martin，2017）。相关文献中应用隐马尔可夫模型（Brants，2000）和最大熵马尔可夫模型（Manning，2011）得到了超过 96% 的准确性。

4.4.2 命名实体识别

命名实体识别是 1 个传统的自然语言处理任务，旨在查找和分类来自文本数据库的命名实体，如人名、组织、位置、数字和日期等。大多数现有的命名实体识别标记器都是建立在线性统计模型基础上的，如隐马尔可夫模型（McCallum 等，2000）和条件随机模型（Lafferty 等，2001）。传统的命名实体识别技术严重依赖人工设定的标记器功能，并且仅适用于小型数据库（Chieu 和 Ng，2002）。

如今，由于深度学习技术的发展，已经提出了多种神经网络模型来建立标记器模型，如长短时记忆网络和卷积神经网络等（Huang 等，2015；Lample 等，2016）。与用于常规分类的标准神经网络不同，基于神经网络的命名实体模型利用线性链条件随机域（conditional random field，CRF）为命名实体识别跨单词序列来建立依赖性模型。在 Huang 等（2015）和 Lample 等（2016）的文献中，序列标记模型由双向长短时记忆网络和 CRF 层构成（BI - LSTMs -

CRF)。在 Ma 和 Hovy(2016) 的文献中, 在 BI – LSTMs 的底层增加 1 个基于数据的卷积神经网络, 来改进 BI – LSTMs – CRF, 卷积神经网络用来将 1 个单词的数据编码到它的数据级表示中, 增加的数据级信息与单词级表示一起输入到双向长短时记忆网络中, 这种被称为双向 LSTMs – CNNs – CRF 结构的性能要好于 BI – LSTMs – CRF。类似的文献中已经提出了用于命名实体识别任务的长短时记忆网络和 CRF 层结构(Chiu 和 Nichols, 2016; Yang 等, 2016; Wang 等, 2015)。

4.4.3 神经机器翻译

机器翻译(machine translation, MT) 的目标是将 1 种语言的文本或语音翻译成另一种语言, 传统机器翻译利用参数从双语文本数据库中推断得到统计模型。而机器翻译的一项重大进展是将序列应用于序列学习模型, 从而促进了神经机器翻译(neural machine translation, NMT) 的最新技术(Wu 等, 2016; Gehring 等, 2017; Vaswani 等, 2017)。神经机器翻译得益于深度学习技术的迅速发展, 被证明是非常成功的, 其结构由 1 个编码器 – 解码器模型(Sutskever 等, 2014) 和 1 个注意力机制(Bahdanau 等, 2014) 构成。

$RNNs_{enc}$ 编码器模型通过输入一系列源词 $x = (x_1, \cdots, x_m)$ 来提供源句的表示, 并且生成 1 个隐藏状态序列 $h = (h_1, \cdots, h_m)$。根据 Sutskever 等(2014) 的文献, 双向 $RNNs_{enc}$ 模型通常倾向于减少长句子的依赖性, 最终的状态 h 是由前向和后向递归神经网络生成状态的连接, $h = [\vec{h}; \overleftarrow{h}]$。解码器同样是 1 个递归神经网络 $RNNs_{dec}$, 可以基于隐藏状态 h、前序词汇 $y_{<k} = (y_1, \cdots, y_{k-1})$、解码器中的递归隐藏状态 $RNNs_{S_k}$ 和语境向量 c_k, 来预测 1 个句子 y_k 中目标词出现的概率。语境向量 c_k 也被称为注意力向量, 被计算为源隐藏状态的加权向量 $h : \sum_{j=1}^{m} \alpha_{ij} h_j$, 其中 m 是源句的长度, α_{ij} 是注意力权值。注意力权值可以通过双向编码器的串联(Bahdanau 等, 2014) 或在目标隐藏状态上基于位置的函数(Luong 等, 2015) 来计算。最终, 解码器通过 Softmax 的近似输出 1 个固定大小词汇的分布:

$$P(y_k \mid y_{<k}, x) = \text{Softmax}(g(y_{k-1}, c_k, s_k)) \qquad (4.12)$$

式中, g 是 1 个非线性函数。

编码器 – 解码器模型和注意力 – 驱动模型通过随机梯度下降算法(stochastic gradient descent, SGD) 优化目标词的负对数似然性, 来进行端到端的训练。

神经机器翻译参数的调整对翻译性能起到关键的作用。在 Britz 等(2017)的文献中,给出了更高维度的嵌入(如 2 048)通常会得到更好的性能的结论。尽管如此,小维度(如128)也可以得到比较好的性能,并且对于某些任务收敛得更快。编码器和解码器的深度不需要大于4层。双向编码器的性能始终好于单向编码器,因为它能创建将过去和将来的序列词都考虑在内的表示形式。Wu 等(2016)文献中的对比也表明长短时记忆网络单元的性能始终优于门控循环网络单元。此外,定向搜索(Wiseman 和 Rush,2016)在大部分神经机器翻译任务中常用来输出更精确的目标词,通常定向搜索的范围在 5~10 之间。在训练中的算法优化也会影响性能。具有固定学习率(小于0.01)且没有衰减的 Adam 优化器(Kingma 和 Ba,2014)比较有效,并且显示出快速收敛特性。然而在一些任务中,调度标准随机梯度下降算法通常会得到更好的性能,但其收敛速度相对较慢(Ruder,2016)。还有其他一些与模型性能直接相关的参数,如信息丢失(Srivastava 等,2014)、层归一化(Ba 等,2016)和层间剩余连接(He 等,2016)等。

本节总结一些能够推进神经机器翻译进展方面的问题。第 1 个问题是限制词汇表的尺寸。虽然神经机器翻译是 1 个开放词汇问题,但是神经机器翻译目标词的数量必须有一定的限制,因为训练 1 个神经机器翻译模型的复杂度随着目标词数量的增加而增大。在实际中,目标词汇表的尺寸 K 通常在 30k(Bahdanau 等,2014)到 80k(Sutskever 等,2014)的范围内。词汇表之外的任何词都标识为未知单词,用 unk 表示。传统的神经机器翻译模型在目标句子中含有较少的未知单词的情况下性能较好。但有研究发现,如果有太多的未知单词,翻译的效果会明显下降(Jean 等,2015)。这个问题的 1 个直接解决方案是使用更大的词汇表,同时使用抽样近似来减少计算复杂度(Jean 等,2015;Mi 等,2016;Ji 等,2015)。另一些研究人员认为未知词汇问题可以不采用扩大词汇表的方式来解决,如可以利用特殊标志 unk 来代替未知单词,然后通过从源句子复制 unk 或者将单词翻译应用于未知单词的方式对目标句子进行后处理(Luong 等,2015)。除了实现基于词汇的神经机器翻译,一些研究人员提出了利用基于数据的神经机器翻译,来消除未知词汇(Costa-Jussa 和 Fonollosa,2016;Chung 等,2016),或者利用 1 种混合方法消除未知词汇,即 1 种结合了单词级和数据级的神经机器翻译模型(Luong 和 Manning,2016)。子词汇单元的使用在减小词汇表尺寸上显示出了显著效果(Sennrich 等,

2016)。被称为字节对编码(byte pair encoding,BPE)的算法从1个数据的词汇表开始,将最常出现的 N 元对替换成1个新的 N 元。总而言之,单词级、字节对编码级和数据级词汇表构成了神经机器翻译实践的基础方法。

第2个问题是关于训练数据库。神经机器翻译成功背后的主要因素之一是高质量并行数据库的可利用性。如何将更多的其他数据源加入神经机器翻译的训练中已经成为1个备受关注的问题。受到统计机器翻译的启发,研究人员利用丰富的单语数据库进行神经机器翻译,来提高翻译的质量(Gucehre等,2015;Sennrich等,2016)。两篇文献提出了利用单语数据的非监督机器翻译方法(Artetxe等,2017;Lample等,2017),这2种方法都训练了1个没有平行数据库的神经机器翻译模型,并具有较高的准确率,为神经机器翻译的发展奠定了未来的方向。在Luong等(2015)、Johnson等(2017)和Firat等(2017)的文献中,都使用1个单一的神经机器翻译模型在多种语言之间进行翻译,这样编码器、解码器和注意力模型就可以在所有语言之间共享。

第3个问题神经机器翻译的实现。要部署神经机器翻译系统,需要建立编码器 - 解码器模型(带有注意力机制),并在GPU上训练端到端模型,有以下非常多的公开工具包可以用于研究、开发和部署。

(1)dl4mt - tutorial (基于 Theano):https://github.com/nyu - dl/dl4mt - tutorial。

(2)Seq2seq (基于 Tensorflow):https://github.com/google/seq2seq。

(3)OpenNMT (基于 Torch/PyTorch):http://opennmt.net。

(4)xnmt (基于 DyNet):https://github.com/neulab/xnmt。

(5)Sockeye (基于 MXNet):https://github.com/awslabs/sockeye。

(6)Marian (基于 C++):https://github.com/marian - nmt/marian。

(7)nmt - keras (基于 Keras):https://github.com/lvapeab/nmt - keras。

4.4.4 自动英语语法错误纠正

鉴于英语并不是所有人母语,为了方便人们使用英语写作,语法检查器已经得到了很大的发展,一些商业或者免费软件(如微软 arly、Language Tool、Apache Wave、Ginger et al)都能提供语法检查服务。然而,由于自然语言中的各种规则,这些语法检查器与人工检查相比仍有很大的差距。

为了促进语法错误检查和改正的发展,开展了各种共享任务和集中会议来吸引研究人员的兴趣,这些任务包括2011年Helping Our Own(HOO)共享任务(Dale和Kilgarriff,2011),2013、2014年CoNLL共享任务(Ng等,2013;Ng等,2014),2016年AESW共享任务(Daudaravicius等,2016)。每个共享任务都提供原始文本数据库,并由人工编辑更正相应的数据库。2013和2014年CoNLL共享任务的数据集是来自新加坡国立大学的1 414篇学生论文,所有学生的母语都不是英语,检测到的语法错误被分为28类。同时,HOO和AESW共享任务的数据集是从已发表的文章和会议集中提取的,HOO的任务是从19篇文章中收集零散的文本,而AESW的任务是从9 919篇发表的文章(主要来自物理和数学领域)中生成乱序的句子合集。

近年来,学者提出了各种方法来纠正语法错误(Manchanda等,2016;Rozovskaya和Roth,2016;Bhirud等,2017;Ng等,2014),这些方法可以分为3类:①基于准则的方法;②统计方法;③机器翻译方法。基于准则的方法利用准则来检测错误。准则通常是手工编写的,根据不同的情况手工输入,它大多使用模式匹配,依赖解析树和词性来查找语法错误,如主语动词协议。使用基于规则的方法有LanguageTool(Daniel,2013)和几个CoNLL共享任务的系统(Ng等,2014)。通常,生成手工准则非常的耗时,因此,研究人员转向统计方法,它可以从大型数据库中学习准则,如英语维基百科、谷歌Book N-gram、Web1T数据库、剑桥学习者数据库和英语Giga单词数据库等。典型的统计方法包括从Web1T数据库提取低频和特殊模式的三字母组(Wu等,2013)、利用目标文章周围的3个标记和平均感知器来提出正确的文章(Rozovakaya和Roth,2010)和通过比较谷歌Book n-gram语料库中不存在的双字母组来检测语法错误(Nazar和Renau,2012)。统计方法在语法检查中通常是比较有优势的,因为它只需要来自英语母语用户的大量语料库。相比之下,机器翻译方法需要1个大的并行数据库来提取相应的准则。随着深度学习技术的发展,机器翻译在语法错误纠正中的应用变得越来越普遍。

这3种方法利用4.4.3节中提到的方法来填充有问题的句子并输出正确的句子,如AMU团队(Ng等,2014)利用基于短语的机器翻译方法来检查2014CoNLL的任务。而卷积神经网络结合长短期记忆的方法被用来处理改正问题(Schmaltz等,2016)。在Schmaltz等(2016)的文献中,为了满足神经机器翻译的要求,输入语句和输出语句都用额外的标记进行编码,如输入语句"The models works < eos >"对应输出语句"The models < del > works < /del > < ins > work < /ins > < eos >",其中< del >、< ins >和< eos >

是表示删除操作、插入操作和语句结束的标记。更多机器翻译方法和对比可以参考 Junczys – Dowmunt 和 Grundkiewicz(2016)、Hoang 等（2016）、Rozovskaya 和 Roth(2016) 等文献。

4.4.5 图像描述

图像描述(Karpathy 和 Fei – Fei,2017;Vinyals 等,2017;Xu 等,2015) 是1个充满挑战的热门研究课题,需要计算机视觉和自然语言处理技术,其目标是自动生成相应区域图像的自然语言描述。研究人员提出了不同的模型来研究语言和视觉数据之间的对应关系,如在 Karpathy 和Fei –Fei(2017) 的文献中,提出了1种多模态递归神经网络结构,将图像区域上经过卷积神经网络训练的模态与句子上经过双向递归神经网络训练的模态进行对齐。在 Vinyals 等(2017) 文献中,使用卷积神经网络学习图像的表示,使用长短时记忆网络输出句子,建立1个直接的模型使在图像中得到给定句子的可能性最大。Xu 等(2015) 的文献类似 Vinyals 等(2017),都是利用卷积神经网络生成图像的表示,使用长短时记忆网络生成字幕,关键的改进包含了基于注意力的机制来进一步提高模型的性能。随着新方法的提出,图像字幕的性能进一步提高,更多细节见 Bernardi 等(2016) 的文献。

4.5 自然语言处理的数据集

在自然语言处理的不同领域已经公布了许多数据集,本节提供前面几节中提到的一些基本数据集。

4.5.1 单词嵌入

(1) word2vec(https://code.google.com/archive/p/word2vec/)。该数据集不仅提供了在谷歌新闻数据集(大约1 000 亿单词) 上训练的300 万单词和短语的300 维预训练向量,还提供各种在线可用的数据集,如维基百科的前10 亿个数据、最新的维基百科和 WMT11 网站等。

(2) Glove(https://nlp.stanford.edu/projects/glove/)。单词向量通过 Glove 进行训练(Pennington 等,2014),该数据集包含了维基百科、Twitter 和一些常用抓取数据训练的预训练向量。

4.5.2 N元字母组

(1) 谷歌 Book N-gram(http://storage.googleapis.com/books/ngrams/books/datasetsv2.html)。该数据集包含从不同语言的书籍中统计的一至五元字母组,如英语、汉语、法语、犹太语和意大利语等。有专门的英语数据库,如美国英语、英国英语、英语小说和一百万英语。N元字母组都进行了词性标记,并且每年统计1次。

(2) Web1T 5-gram(https://catalog.ldc.upenn.edu/ldc2006t13)。谷歌提供的数据集由从可访问网站计数的一至五元字母组构成,并产生大约1万亿标记,压缩文件的大小大约是24 GB。

4.5.3 文本分类

(1) 路透社数据库(RCV1、RCV2、TRC2)(http://trec.nist.gov/data/reuters/reuters.html)。该数据集包含大量路透社的新闻报道,用5种语言写成,相应的翻译分为6类,详细说明见 Lewis 等(2004)。

(2) IMDB 电影评论情感分类(http://ai.stanford.edu/~amaas/data/sentiment/)。该数据集由50 000部电影的影评构成,由 Maas 等(2011)首次对二元情感分类进行测试。

(3) 新闻组电影评论情感分类(http://www.cs.cornell.edu/people/pabo/movie-review-data/)。数据集由 Pang 等(2002)及 Pang 和 Lee(2004、2005)团队进行了情感分析,它由影评文件和句子构成,其中影评文件根据整体情感极性(积极或消极)或主观评级(例如"两星半")进行标记,句子根据主观性状态(主观还是客观)或极性进行标记。

4.5.4 词性标记

(1) Penn Treebank(https://catalog.ldc.upenn.edu/ldc99t42)。该数据集从三年的华尔街日报共98 732篇文章中选择2 499篇来进行语法注释(Marcus 等,1999)。

(2) Universal Dependencies(https://catalog.ldc.upenn.edu/LDC2000T43)。该数据集是1个旨在为多种语言开发跨语言一致的树库注释的项目,该版本包含60种语言的102个树库(Nivre 等,2017)。

4.5.5 机器翻译

(1) Europarl(http://www.statmt.org/europarl/)。Europarl 并行数据集包含 21 种欧洲语言的句子对,详细说明可见 Koehn(2005)。

(2) 联合国并行数据集(https://conferences.unite.un.org/uncorpus)。该数据集是根据联合国的正式记录和其他会议文件编制的,这些文件大多以联合国的 6 种官方语言提供(Ziemski 等,2016)。

4.5.6 自动语法错误纠正

(1) 新加坡国立大学英语学习数据库(NUCLE)(http://www.comp.nus.edu.sg/~nlp/conll14st.html)。该数据集由新加坡国立大学学生撰写的大约 1 400 篇论文构成,论文全部由英语教师用错误标签和更正进行注释。

(2) AESW2016 数据集(http://textmining.lt/aesw/index.html)。该数据集是从 9 919 篇发表的文章(主要来自物理和数学领域)随机顺序提取的句子合集,这些句子由期刊编辑做修改并进行了注释。

4.5.7 图像描述

(1) Flickr8K(http://nlp.cs.illinois.edu/HockenmaierGroup/8k-pictures.html)。该数据集是基于句子图像描述的标准基准,包括从 Flickr.com 网站抓取的约 8 000 张图像,其中每张图像都配有 5 个不同的标题,以提供对突出实体和事件的清晰描述(Hodosh 等,2013)。

(2) Flickr30K(http://web.engr.illinois.edu/~bplumme2/Flickr30kEntities/)。该数据集是 Flickr8K 的扩展版,包含大约 30 000 张图像,同时每张图像包含 5 个描述(Plummer 等,2017)。

(3) MSCOCO(http://cocodataset.org/)。该数据集包含 123 287 张图像,每张图像有 5 个不同描述(Lin 等,2014),数据集中的图像被注释为 80 个类别,并提供 1 个类别中所有实例周围的边界框。

4.6 结 论

本章简要回顾了自然语言处理的最新发展,包括词汇表示、学习模型和典型应用。如今,Word2vect 和 Glove 是在语义空间中学习词汇表示的 2 种主要方法。递归神经网络和卷积神经网络是训练自然语言处理模型的两大主流学习模型。在探索了 5 个应用之后,本章展望了以下热门研究主题。

(1) 添加额外的特性或结果(如词性标记和命名实体识别)可以有效地提高其他应用的性能,如机器翻译和自动语法纠正。

(2) 研究端到端模型是十分有价值的,可能会进一步提高模型的性能,例如嵌入式词汇表示是独立于应用场景来学习的,本章探索适合更多应用场景的新表示方法,如情感分析、文本匹配等。

(3) 探索多学科方法的进展是很有前景的,如在图像描述的应用中,需要计算机视觉和自然语言处理的技术,了解相关领域并取得突破是很有意义的。

本章参考文献

[1] Artetxe M, Labaka G, Agirre E, Cho K (2017) Unsupervised neural machine translation. CoRR, abs/1710.11041.

[2] Ba JL, Kiros R, Hinton EG (2016) Layer normalization. CoRR, abs/1607.06450.

[3] Bahdanau D, Cho K, Bengio Y (2014) Neural machine translation by jointly learning to align andtranslate. CoRR, abs/1409.0473.

[4] Bernardi R, Cakici R, Elliott D, Erdem A, Erdem E, Ikizler-Cinbis N, Keller F, Muscat A, Plank B (2016) Automatic description generation from images: a survey of models, datasets, and evaluation measures. J Artif Intell Res 55:409-442.

[5] Bhirud SN, Bhavsar R, Paar checkers for natural languages: a review. Int J Natural Lang Comput 6(4):1.

[6] Brants T (2000) Tnt: a statistical part-of-speech tagger. In: ANLC'00, Stroudsburg. Association for Computational Linguistics, 224-231.

[7] Brill E (1992) A simple rule-based part of speech tagger. In: ANLC, Stroudsburg, 152-155.

[8] Britz D, Goldie A, Luong M, Le VQ (2017) Massive exploration of neural machine translation architectures. CoRR, abs/1703.03906.

[9] Chieu LH, Ng TH (2002) Named entity recognition: a maximum entropy

approach using global information. In: COLING, Taipei.
[10] Chiu JPC, Nichols E (2016) Named entity recognition with bidirectional LSTMs-CNNs. TACL 4:357-370.
[11] Chung J, Gulcehre C, Cho K, Bengio Y (2014) Empirical evaluation of gated recurrent neural networks on sequence modeling. CoRR, abs/1412.3555 106.
[12] Chung J, Cho K, Bengio Y (2016) A character-level decoder without explicit segmentation for neural machine translation. In: ACL, Berlin.
[13] Collobert R, Weston J, Bottou L, Karlen M, Kavukcuoglu K, Kuksa (2011) Natural language processing (almost) from scratch. J Mach Learn Res 12:2493-2537.
[14] Costa-Jussà MR, Fonollosa JAR (2016) Character-based neural machine translation. In: ACL, Berlin Dale R, Kilgarriff A (2011) Helping our own: the HOO 2011 pilot shared task. In: ENLG, Nancy, 242-249.
[15] Daniel N (2003) A rule-based style and grammar checker. Master's thesis, Bielefeld University, Bielefeld.
[16] Daudaravicius V, Banchs ER, Volodina E, Napoles C (2016) A report on the automatic evaluation of scientific writing shared task. In: Proceedings of the 11th workshop on innovative use of NLP for building educational applications, BEA@ NAACL-HLT 2016, San Diego, 16 June 2016, 53-62.
[17] Dos Santos CN, Gatti M (2014) Deep convolutional neural networks for sentiment analysis of short texts. In: COLING, Dublin, 69-78.
[18] Elman LJ (1990) Finding structure in time. Cogn Sci 14(2):179-211.
[19] Firat O, Cho K, Sankaran B, Yarman-Vural FT, Bengio Y (2017) Multi-way, multilingual neural machine translation. Comput Speech Lang 45:236-252.
[20] Firth RJ (1957) A synopsis of linguistic theory 1930-1955. Studies in linguistic analysis. Blackwell, Oxford, 1-32 Florian R, Ittycheriah A, Jing H, Zhang T (2003) Named entity recognition through classifier combination. In: Proceedings of the seventh conference on natural language learning, CoNLL 2003, Held in cooperation with HLT-NAACL 2003, Edmonton, 31 May-1 June 2003, 168-171.

[21] Gehring J, Auli M, Grangier D, Dauphin Y (2017) A convolutional encoder model for neural machine translation. In: ACL, Vancouver, 123-135.

[22] Gehring J, Auli M, Grangier D, Yarats D, Dauphin NY (2017) Convolutional sequence to sequence learning. In: ICML, Sydney, 1243-1252.

[23] Gers AF, Schmidhuber J (2000) Recurrent nets that time and count. In: IJCNN (3), Como, 189-194.

[24] Goodfellow JI, Bengio Y, Courville CA (2016) Deep learning. Adaptive computation and machine learning. MIT Press, Cambridge.

[25] GravesA, Mohamed A, Hinton EG (2013) Speech recognition with deep recurrent neural networks. In: IEEE ICASSP, British Columbia, 6645-6649.

[26] Greff K, Srivastava KR, Koutník J, Steunebrink RB, Schmidhuber J (2017) LSTMs: a search space odyssey. IEEE Trans Neural Netw Learn Syst 28(10):2222-2232.

[27] Gucehre C, Firat O, Xu K, Cho K, Barrault L, Lin H, Bougares F, Schwenk H, Bengio Y (2015) On using monolingual corpora in neural machine translation. CoRR, abs/1503.03535.

[28] Harris Z (1954) Distributional structure. Word 10(23):146-162.

[29] He K, Zhang X, Ren S, Sun J (2016) Deep residual learning for image recognition. In: CVPR, Las Vegas, 770-778.

[30] Hoang TD, Chollampatt S, Ng TH (2016) Exploiting n-best hypotheses to improve an SMT approach to grammatical error correction. In: IJCAI, 2803-2809.

[31] Hochreiter S, Schmidhuber J (1997) Long short-term memory. Neural Comput 9(8):1735-1780.

[32] Hodosh M, Young P, Hockenmaier J (2013) Framing image description as a ranking task: data, models and evaluation metrics. J Artif Intell Res 47: 853-899.

[33] Huang Z, Xu W, Yu K (2015) Bidirectional LSTMs-CRF models for sequence tagging. CoRR, abs/1508.01991.

[34] Hu Z, Zhang Z, Yang H, Chen Q, Zuo D (2017) A deep learning approach for predicting the quality of online health expert question-answering services. J Biomed Inform 71:241-253.

[35] Hu Z, Zhang Z, Yang H, Chen Q, Zhu R, Zuo D (2018) Predicting the quality of online health expert question-answering services with temporal features in a deep learning framework. Neurocomputing 275:2769-2782.

[36] Jean S, Cho K, Memisevic R, Bengio Y (2015) On using very large target vocabulary for neural machine translation. In: ACL, Beijing, 1-10.

[37] Ji S, Vishwanathan SVN, Satish N, Anderson JM, Dubey P (2015) Blackout: speeding up recurrent neural network language models with very large vocabularies. CoRR, abs/1511.06909.

[38] Johnson M, Schuster M, Le VQ, Krikun M, Wu Y, Chen Z, Thorat N, Viégas FB, Wattenberg M, Corrado G, Hughes M, Dean J (2017) Google's multilingual neural machine translation system: enabling zero-shot translation. TACL 5:339-351.

[39] Józefowicz R, Zaremba W, Sutskever I (2015) An empirical exploration of recurrent network architectures. In: ICML, Lille, 2342-2350.

[40] Junczys-Dowmunt M, Grundkiewicz R (2016) Phrase-based machine translation is state-of-the-art for automatic grammatical error correction. In: EMNLP, Austin, 1546-1556.

[41] Jurafsky D, Martin HJ (2017) Speech and language processing-an introduction to natural language processing. Computationallinguistics, and speech recognition. 3rd edn. Prentice Hall, 1032.

[42] Karpathy A, Fei-Fei L (2017) Deep visual-semantic alignments for generating image descriptions. IEEE Trans Pattern Anal Mach Intell 39(4): 664-676.

[43] Kim Y (2014) Convolutional neural networks for sentence classification. In: EMNLP, Doha, 1746-1751.

[44] Kingma PD, Ba J (2014) Adam: a method for stochastic optimization. CoRR, abs/1412.6980.

[45] Koehn P (2005) Europarl: a parallel corpus for statistical machine translation. In: MT summit, vol 5, 79-86.

[46] Koutník J, Greff K, Gomez JF, Schmidhuber J (2014) A clockwork RNNs. In: ICML, Beijing, 1863-1871.

[47] Krizhevsky A, Sutskever I, Hinton EG (2017) Imagenet classification with deep convolutional neural netun ACM 60(6):84-90.

[48] Lafferty DJ, McCallum A, Pereira FCN (2001) Conditional random fields: probabilistic models for segmenting and labeling sequence data. In: ICML, Williams College, 282-289.

[49] Lample G, Ballesteros M, Subramanian S, Kawakami K, Dyer C (2016) Neural architectures for named entity recognition. In: NAACL HLT, San Diego, 260-270.

[50] Lample G, Denoyer L, Ranzato M (2017) Unsupervised machine translation using monolingual corpora only. CoRR, abs/1711.00043.

[51] LeCun Y, Bottou L, Bengio Y, Haffner P (1998) Gradient-based learning applied to document recognition. Proc IEEE 86(11):2278-2324.

[52] LeCun Y, Bengio Y, Hinton EG (2015) Deep learning. Nature 521 (7553):436-444.

[53] Lewis DD, Yang Y, Rose GT, Li F (2004) RCV1: a new benchmark collection for text categorization research. J Mach Learn Res 5:361-397.

[54] Lin T, Maire M, Belongie JS, Hays J, Perona P, Ramanan D, Dollár P, Zitnick LC (2014) Microsoft COCO: common objects in context. In: ECCV, Zurich, 740-755.

[55] Luong M, Manning DC (2016) Achieving open vocabulary neural machine translation with hybrid word-character models. In: ACL, Berlin.

[56] Luong M, Le VQ, Sutskever I, Vinyals O, Kaiser L (2015a) Multi-task sequence to sequence learning. CoRR, abs/1511.06114.

[57] Luong T, Pham H, Manning DC (2015b) Effective approaches to attention-based neural machine translation. In: EMNLP, Lisbon, 1412-1421.

[58] Luong T, Sutskever I, Le VQ, Vinyals O, Zaremba W (2015c) Addressing the rare word problem in neural machine translation. In: ACL, Beijing, 11-19.

[59] Ma X, Hovy HE (2016) End-to-end sequence labeling via bi-directional

LSTMs-CNNs-CRF. In: ACL, Berlin.

[60] Maas LA, Daly ER, Pham TP, Huang D, Ng YA, Potts C (2011) Learning word vectors for sentiment analysis. In: The 49th annual meeting of the Association for Computational Linguistics: human language technologies, proceedings of the conference, 19-24 June 2011, Portland, 142-150.

[61] Manchanda B, Athavale AV, Kumar Sharma S (2016) Various techniques used for grammar checking. Int J Comput Appl Inf Technol 9(1):177.

[62] Manning DC (2011) Part-of-speech tagging from 97% to 100%: is it time for some linguistics? In: CICLing, Tokyo, 171-189.

[63] Marcus PM, Santorini B, Marcinkiewicz AM (1993) Building a large annotated corpus of English: the penn treebank. Comput Linguist 19(2): 313-330.

[64] Marcus M, Santorini B, Marcinkiewicz M, Taylor A (1999) Treebank-3 LDC99T42. Web Down-load. Linguistic Data Consortium, Philadelphia. https://catalog.ldc.upenn.edu/LDC99T42.

[65] McCallum A, Freitag D, Pereira FCN (2000) Maximum entropy Markov models for information extraction and segmentation. In: ICML'00. Morgan Kaufmann Publishers Inc., San Francisco, 591-598.

[66] Melamud O, McClosky D, Patwardhan S, Bansal M (2016) The role of context types and dimensionality in learning word embeddings. In: NAACL HLT, San Diego, 1030-1040.

[67] Mi H, Wang Z, Ittycheriah A (2016) Vocabulary manipulation for neural machine translation. In: ACL, Berlin.

[68] Mikolov T, Chen K, Corrado G, Dean J (2013) Efficient estimation of word representations in vector space. CoRR, abs/1301.3781.

[69] Mikolov T, Sutskever I, Chen K, Corrado SG, Dean J (2013) Distributed representations of words and phrases and their compositionality. In: NIPS, Lake Tahoe, 3111-3119.

[70] Nazar R, Renau I (2012) Google books n-gram corpus used as a grammar

checker. In: Proceedings of the second workshop on computational linguistics and writing (CLW 2012): linguistic and cognitive aspects of document creation and document engineering, EACL 2012, Stroudsburg. Association for Computational Linguistics, 27-34.

[71] Ng TH, Wu MS, Wu Y, Hadiwinoto C, Tetreault RJ (2013) The conll-2013 shared task on grammatical error correction. In: Proceedings of the seventeenthconference on computational natural language learning: shared task, CoNLL 2013, Sofia, 8-9 Aug 2013, 1-12.

[72] Ng TH, Wu MS, Briscoe T, Hadiwinoto C, Susanto HR, Bryant C (2014) The conll-2014 shared task on grammatical error correction. In: CoNLL, Baltimore, 1-14.

[73] Nivre J et al (2017) Universal dependencies 2.1. LINDAT/CLARIN digital library at the Institute of Formal and Applied Linguistics ('UFAL), Faculty of Mathematics and Physics, Charles University.

[74] Pang B, Lee L (2004) A sentimental education: sentiment analysis using subjectivity summariza-tion based on minimum cuts. In: Proceedings of the 42nd annual meeting of the Association for Computational Linguistics, Barcelona, 21-26 July 2004, 271-278.

[75] Pang B, Lee L (2005) Seeing stars: exploiting class relationships for sentiment categorization with respect to rating scales. In: ACL 2005, 43rd annual meeting of the Association for Computational Linguistics, proceedings of the conference, 25-30 June 2005, University of Michigan, USA, 115-124.

[76] Pang B, Lee L, Vaithyanathan S (2002) Thumbs up? Sentiment classification using machine learning techniques. CoRR, cs. CL/0205070.

[77] Pascanu R, Mikolov T, Bengio Y (2013) On the difficulty of training recurrent neural networks. In: ICML, Atlanta, 1310-1318.

[78] Pennington J, Socher R, Manning DC (2014) Glove: global vectors for word representation. In: EMNLP, Doha, 1532-1543.

[79] Plank B, Sogaard A, Goldberg Y (2016) Multilingual part-of-speech tagging

with bidirectional long short-term memory models and auxiliary loss. In: ACL, Berlin.

[80] Plummer AB, Wang L, Cervantes MC, Caicedo CJ, Hockenmaier J, Lazebnik S (2017) Flickr30k entities: collecting region-to-phrase correspondences for richer image-to-sentence models. Int J Comput Vis 123 (1):74-93.

[81] Rong X (2014) word2vec parameter learning explained. CoRR, abs/1411.2738.

[82] Rozovskaya A, Roth D (2010) Training paradigms for correcting errors in grammar and usage. In: HLT'10, Stroudsburg. Association for Computational Linguistics, 154-162.

[83] Rozovskaya A, Roth D (2016) Grammatical error correction: machine translation and classifiers. In: ACL, Berlin.

[84] Ruder S (2016) An overview of gradient descent optimization algorithms. CoRR, abs/1609.04747.

[85] Ruder S, Ghaffari P, Breslin GJ (2016) A hierarchical model of reviews for aspect-based sentiment analysis. In: EMNLP, Austin, 999-1005.

[86] Schmaltz A, Kim Y, Rush MA, Shieber MS (2016) Sentence-level grammatical error identification as sequence-to-sequence correction. In: Proceedings of the 11th workshop on innovative use of NLP for building educational applications, BEA @ NAACL-HLT 2016, 16 June 2016, San Diego, 242-251.

[87] Sennrich R, Haddow B, BirchA (2016a) Improving neural machine translation models with monolingual data. In: ACL, Berlin.

[88] Sennrich R, Haddow B, BirchA (2016b) Neural machine translation of rare words with subword units. In: ACL, Berlin.

[89] Srivastava N, Hinton EG, Krizhevsky A, Sutskever I, Salakhutdinov R (2014) Dropout: a simple way to prevent neural networks from overfitting. J Mach Learn Res 15(1):1929-1958.

[90] Sutskever I, Vinyals O, Le VQ (2014) Sequence to sequence learning with

neural networks. In: NIPS, Montreal, 3104-3112.

[91] Toutanova K, Klein D, Manning DC, Singer Y (2003) Feature-rich part-of-speech tagging with a cyclic dependency network. In: HLT-NAACL, Edmonton.

[92] Ueffing N, Ney H (2003) Using POS information for statistical machine translation into morphologically rich languages. In: EACL'03, Stroudsburg. Association for Computational Linguistics, 347-354.

[93] Vaswani A, Shazeer N, Parmar N, Uszkoreit J, Jones L, Gomez NA, Kaiser L, Polosukhin I (2017) Attention is all you need. In: NIPS, Long Beach, 6000-6010.

[94] Vinyals O, Toshev A, Bengio S, Erhan D (2017) Show and tell: lessons learned from the 2015 MSCOCO image captioning challenge. IEEE Trans Pattern Anal Mach Intell 39(4):652-663.

[95] Wang P, Qian Y, Soong KF, He L, Zhao H (2015) A unified tagging solution: bidirectional LSTMs recurrent neural network with word embedding. CoRR, abs/1511.00215 Wiseman S, Rush MA (2016) Sequence-to-sequence learning as beam-search optimization. In: EMNLP, Austin, 1296-1306.

[96] Wu J, Chang J, Chang SJ (2013) Correcting serial grammatical errors based on n-grams and syntax. IJCLCLP 18(4).

[97] Wu Y, Schuster M, Chen Z, Le VQ, Norouzi M, Macherey W, Krikun M, Cao Y, Gao Q, Macherey K, Klingner J, Shah A, Johnson M, Liu X, Kaiser L, Gouws S, Kato Y, Kudo T, Kazawa H, Stevens K, Kurian G, Patil N, Wang W, Young C, Smith J, Riesa J, Rudnick A, Vinyals O, Corrado G, Hughes M, Dean J (2016) Google's neural machine translation system: bridging the gap between human and machine translation. CoRR, abs/1609.08144.

[98] Xu K, Ba J, Kiros R, Cho K, Courville CA, Salakhutdinov R, Zemel SR, Bengio Y (2015) Show, attend and tell: Neural image caption generation with visual attention. In: ICML, Lille, 2048-2057.

[99] Yang Z, Salakhutdinov R, Cohen WW (2016) Multi-task cross-lingual sequence tagging from scratch. CoRR, abs/1603.06270.

[100] Yin W, Yu M, Xiang B, Zhou B, Schütze H (2016) Simple question answering by attentive convolutional neural network. In: COLING, Osaka, 1746-1756.

[101] Zhou J, Cao Y, Wang X, Li P, Xu W (2016) Deep recurrent models with fast-forward connections for neural machine translation. TACL 4:371-383.

[102] Ziemski M, Junczys-Dowmunt M, Pouliquen B (2016) The united nations parallel corpus v1.0. In: Proceedings of the tenth international conference on language resources and evaluation LREC 2016, Portorovz, 23-28 May 2016.

第 5 章 自然语言处理的深度学习

自然语言处理是人工智能的 1 个领域,旨在设计计算机算法来理解和处理人类的自然语言,它成为互联网时代和大数据时代的必然需求。从基础研究到复杂的应用,自然语言处理包括多种任务,如词汇分析、句法和语义分析、话语分析、文本分类、情感分析、摘要、机器翻译和问题回答。朴素贝叶斯模型(Naive Bayes)等统计模型、支持向量机、最大熵和条件随机域是自然语言处理的主要方法。近年来,深度学习在自然语言处理方面取得了巨大成功,包括汉语分割、命名实体识别、顺序标记、句法分析、文本摘要、机器翻译和问题回答。本章以命名实体识别、超标记、机器翻译和文本摘要为例,介绍深度学习在自然语言处理中的应用。

5.1 命名实体识别的深度学习

5.1.1 任务定义

一般来说,命名实体包括 7 种类型,分别为人名、组织、地点、时间、数量、货币、百分比,自然语言处理领域的研究人员通常把重点放在最重要的 3 种实体类型(人名、组织和地点),命名实体识别旨在对文本中的命名实体进行定位和分类。

图 5.1 所示为命名实体识别示例,图中使用 B、M、E 和 O 来表示命名实体的 Begin、Middle、End 和 Out。上面有 1 个英文语句,目标是识别 Bill Gates、Stanford University 和 Silicon Valley,并正确地将它们分别归类为 person、organization 和 location。

大多数方法将命名实体识别任务转化为 1 个序列标记问题,如图 5.1 所示,过去隐马尔可夫模型、最大熵(maximum entropy,ME)、支持向量机(support vector machine,SVM)和条件随机域是命名实体识别的主要解决方案。特征工程是这些方案中最重要的部分,特征工程由表面数据、单词、双字母和词性标记等符号表示,这种符号表示容易造成数据稀疏问题,难以捕捉任意 2 个符号之间的语义关系,成为性能提升的瓶颈。

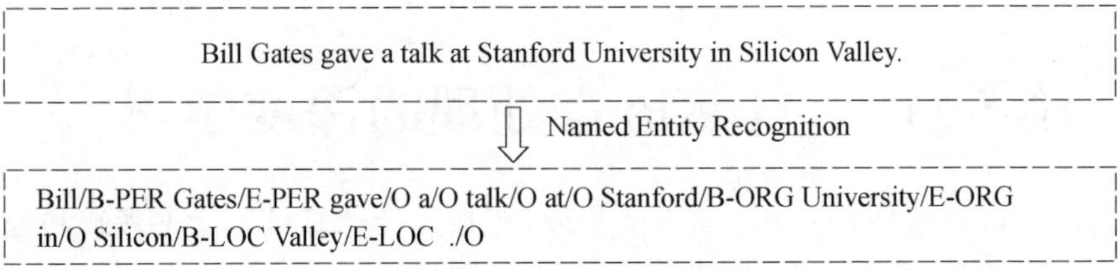

Bill Gates gave a talk at Stanford University in Silicon Valley.
Named Entity Recognition
Bill/B-PER Gates/E-PER gave/O a/O talk/O at/O Stanford/B-ORG University/E-ORG in/O Silicon/B-LOC Valley/E-LOC ./O

图 5.1　命名实体识别示例

分布式表示可以在很大程度上解决上述2 个问题,如 table 和 desk 从符号表示的角度来看是完全不同的,因此无法揭示它们之间的语义相似性。相比之下,如果在低维实值向量空间中正确表示它们,会发现 table 和 desk 这 2 个词彼此接近。如图 5.2 所示,将分布式词汇表示投影到二维空间中,从图中可以发现,在二维空间中意思相近的词也相近。由于这一优势,基于分布式表示的深度神经网络迅速成为命名实体识别任务中最先进的模型。

table
one
two
desk
three
today
river
tomorrow
yesterday
stream

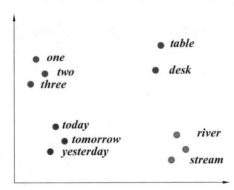

图 5.2　向量空间中的分布式表示

5.1.2　命名实体识别的深度学习

近年来,学者针对命名实体识别任务提出了许多神经网络结构。Collobert 等(2011) 设计了 1 个基于卷积神经网络的命名实体识别模型,首先将语句中的每个词从左到右投影到分布式表示(单词嵌入) 中,然后将 CNNs 应用到单词嵌入的序列上,神经网络的顶层是 1 个 CRF 模型。Chiu 和 Nichols(2016) 提出了 1 种双向长短时记忆和 CNNs 的混合模型,来模拟英语中数据级和单词级的表征,混合模型利用外部知识,如词汇特征和数据类型。Ma 和 Hovy(2016)提出了 1 种 BLSTMs－CNNs－CRF 体系结构,利用 CNNs 对数据级信息进行建模。Lample 等(2016)提出了 1 种 LSTMs－CRF 结构,该结构使用 char－LSTMs 层从监督数据库中学习拼写特性,除了大量用于对预先训练好的单词嵌入进行非监督学习的未标记数据库外,不使用额外资源或地名词典。在 Lample 等(2016)中,Dong 等(2016)提出了 1 种针对汉字的激进级 LSTMs,而不是针对音标语言的 char－LSTMs。由于 BLSTMs－CRF 目前是命名实体识别最先进的模型,本节详细介绍这个模型。

1. BLSTMs

递归神经网络是为序列数据建模而设计的 1 类神经网络,RNNs 将向量序列($x_1, x_2, \cdots, x_n$)作为输入,并返回另一个向量序列($h_1, h_2, \cdots, h_n$),该序列表示输入信息在每次迭代中的高度摘要信息。

在 RNNs 中,第 t 个输入的隐藏状态 h_t 是根据当前输入 x_t 和之前的隐藏状态 h_{t-1} 计算得出的:

$$h_t = f(x_t, h_{t-1}) \tag{5.1}$$

式中,$f(\cdot)$ 为非线性激活函数,通常设 $f(\cdot) = \tanh(\cdot)$。

在理论上,RNNs 可以学习长依赖关系,但在实践中,偏差往往更接近于最近的输入序列(Bengio 等,1994)。LSTMs 合并了 1 个记忆单元来解决这个问题,并显示了捕获长期依赖项的强大功能。

LSTMs 使函数 $f(\cdot)$ 更加复杂,包括输入门、输出门、遗忘门和窥视孔连接来计算 $f(\cdot)$,同时使用输入门和遗忘门的结果更新细胞状态。实现过程如下:

$$i_t = \sigma(W_{xi}x_t + W_{hi}h_{t-1} + W_{ci}c_{t-1} + b_i) \quad \text{(输入门)}$$
$$f_t = \sigma(W_{xf}x_t + W_{hf}h_{t-1} + W_{cf}c_{t-1} + b_f) \quad \text{(遗忘门)}$$
$$c_t = f_t \odot c_{t-1} + i_t \odot \tanh(W_{xc}x_t + W_{hc}h_{t-1} + b_c) \quad \text{(细胞状态)}$$
$$o_t = \sigma(W_{xo}x_t + W_{ho}h_{t-1} + W_{co}c_t + b_o) \quad \text{(输出门)}$$
$$h_t = o_t \odot \tanh c_t \quad \text{(输出)}$$

式中,σ 为 sigmoid 函数;$\odot$ 为对应元素乘积;W 为权重矩阵;b 为偏差。

使用双向 LSTMs 获得数据的上下文向量。对于 1 个给定的语句($ch_1, ch_2, \cdots, ch_n$)包含 n 个数据,每个数据 ch_t 首先映射到 d 维实值向量 $x_t \in \mathbf{R}^d$。然后,LSTMs 计算每个数据 t 处语句前文的表示 $\overrightarrow{h_t}$,同样从句尾开始的后文 $\overleftarrow{h_t}$ 应该为后面数据 ch_t 提供有用信息。从左到右的 LSTMs 称为前向 LSTMs,从右到左的 LSTMs 称为后向 LSTMs。数据 ch_t 的整体上下文向量可以通过连接左右上下文表示，$h_t = [\overrightarrow{h_t}; \overleftarrow{h_t}]$（图 5.3）。

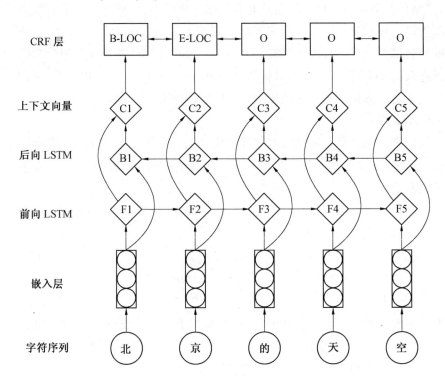

图 5.3　基于数据的 BLSTMs – CRF 方法在命名实体识别中的应用

2. BLSTMs – CRF 模型

隐藏的上下文向量 h_t 可以来为每个输出 y_t 做独立标记的特性，如 M – PER 不能在 B – ORG 之后，这限制了 B – ORG 之后的输出标记。因此，使用 CRF 对整个语句的输出进行联合建模。对于输入句：

$$x = (x_1, x_2, \cdots, x_n)$$

将 P 作为 BLSTMs 网络输出的分数矩阵，P 的大小为 $n \times k$，其中 k 为不同标签的数量，$P_{i,j}$ 为语句中第 i 个数据的第 j 个标签的得分。对于一系列的预测，有

$$y = (y_1, y_2, \cdots, y_n)$$

将它的分数定义为

$$s(\boldsymbol{x},\boldsymbol{y}) = \sum_{i=0}^{n} \boldsymbol{A}_{y_i,y_{i+1}} + \sum_{i=1}^{n} \boldsymbol{P}_{i,y_i} \qquad (5.2)$$

式中，A 为 1 个转换分数矩阵，它模拟了从 1 个标签到另一个标签的转换可能性。将 start 开始标记和 end 结束标记添加到可能的标记集中，记为 y_0 和 y_n，分别表示语句的开始和结束，因此 A 是大小为 $k+2$ 的方阵。在所有可能的标签序列上应用 Softmax 层后，序列 y 的概率为

$$p(\boldsymbol{y} \mid \boldsymbol{x}) = \frac{e^{s(\boldsymbol{x},\boldsymbol{y})}}{\sum_{\tilde{\boldsymbol{y}} \in Y_x} e^{s(\boldsymbol{x},\tilde{\boldsymbol{y}})}} \qquad (5.3)$$

使训练中正确标签序列的对数概率最大：

$$\log(p(\boldsymbol{y} \mid \boldsymbol{x})) = s(\boldsymbol{x},\boldsymbol{y}) - \log\left(\sum_{\tilde{\boldsymbol{y}} \in Y_x} e^{s(\boldsymbol{x},\tilde{\boldsymbol{y}})}\right) \qquad (5.4)$$

$$= s(\boldsymbol{x},\boldsymbol{y}) - \operatorname*{logadd}_{\tilde{\boldsymbol{y}} \in Y_x} s(\boldsymbol{x},\tilde{\boldsymbol{y}}) \qquad (5.5)$$

式中，Y_x 表示所有可能的标签序列，包括不符合贝叶斯最大熵模型输出（bayesian maximum entropy model output，BMEO）格式约束的。显然，不鼓励使用无效的输出标签序列。在解码时，预测得到最大分数的输出序列为

$$\boldsymbol{y}^* = \operatorname*{argmax}_{\tilde{\boldsymbol{y}} \in Y_x} s(\boldsymbol{x},\tilde{\boldsymbol{y}}) \qquad (5.6)$$

命名实体识别模型通常考虑输出标签之间的双图约束，并在解码过程中使用动态规划。

5.2　超标记的深度学习

如 5.1 节所述，命名实体识别被建模为 1 个顺序标记问题。在自然语言处理中，许多任务可以映射成比命名实体识别复杂得多的顺序标记问题。本节将介绍另一个自然语言处理任务，即组合类语法超标签，它需要标签预测深度信息。

5.2.1　任务定义

组合范畴语法（combinatory category grammar，CCG）为自然语言的语法和语义之间提供了联系。语法可以由基于组合规则的词汇派生来指定，语义可以从一组述谓关系中恢复得到。组合范畴语法为广泛的语义分析（如语义表示、语义解析和语义组合）提供了 1 种解决方案，所有组合范畴语法都严重依赖于超标记和解析性能，所有组合范畴语法都需要构建 1 个更精确的组合

范畴语法超级标记器。

组合范畴语法超级标记器是自然语言处理中的1个顺序标记问题,其任务是为语句中的每个单词分配超标记。组合范畴语法中的超标签代表词汇类别,它由 N、NP、PP 等基本类别和复杂类别组成,复杂类别是基于一组规则的基本类别的组合。

组合范畴语法使用一组词汇类别来代表其组成,并使用1个固定的有限集作为构建其他类别的基础,见表5.1。

表 5.1 $X \backslash Y \in C$ 的 CCG 中使用的基本类别说明

类别	描述
N	名词
NP	名词短语
PP	介词短语
S	语句

通过应用以下递归定义,基本类别可用于生成无限个功能类别集合 C:

$$N、NP、PP、S \in C$$

如果 $X、Y \in C$,则 $X/Y、X \backslash Y \in C$。每个函数类别都指定一些参数。根据顺序,组合参数可以形成1个新的类别(Steedman 和 Baldridge,2011)。参数可以是基本的,也可以是函数的,顺序由"/"和"\"决定。类别 X/Y 是1个前向函数算式,它可以接受1个右向的参数 Y 并产生参数 X,而后向函数算式 X\Y 通过将其参数 Y 附加到左向而产生参数 X。

图5.4所示为组合范畴语法超级标记器示例,给定由8个标记组成的输入语句,每个标记都与表示该标记的语法功能的超级标记相关联。从图中可以看到,这个任务比命名实体识别更复杂,需要更复杂的模型来精确地预测超标签。

输出/标签	NP/N	N/N	N/N	N	(S\NP)/PP	PP/NP	N	.
输入/标签	The	Dow	Jones	industrials	closed	at	2 569.26	.

图 5.4 组合范畴语法超级标记器示例

对于命名实体识别的任务,1层双向 LSTMs(BLSTMs)足以获得比较好的性能。然而,在组合范畴语法超标记任务中需要深层学习,本节将对比详细介绍(Wu 等,2016)。

5.2.2 用于组合范畴语法超标记的跳跃连接深度神经网络

堆叠的 RNNs 是 1 种构建深层的简单方法,其中隐藏层相互堆叠,每一层向上到顶层:

$$\boldsymbol{h}_t^l = f^l(\boldsymbol{h}_t^{l-1}, \boldsymbol{h}_{t-1}^l) \tag{5.7}$$

式中,$\boldsymbol{h}_t^l$ 为第 l 层的第 t 个隐藏状态。

1. 跳跃连接

与横向 RNNs 相似,垂直叠加层也面临梯度消失或梯度爆炸的问题,因此通常考察从第 $l-2$ 层到第 l 层的连接。在简单的 RNNs 中,因为只有 1 个位置可以连接隐藏的单元,因此跳过连接是微不足道的,但对于堆叠的 LSTMs,需要仔细地处理跳过连接,从而成功地训练网络。

本节将介绍并比较堆叠 LSTMs 中各种类型的跳跃连接。首先,给出了堆叠 LSTMs 的详细定义,有助于描述跳跃连接;然后开始在堆叠 LSTMs 中构造跳跃连接;最后给出了各种跳跃连接的表达式。

没有跳跃连接的堆叠 LSTMs 可以定义为

$$\begin{pmatrix} \boldsymbol{i}_t^l \\ \boldsymbol{f}_t^l \\ \boldsymbol{o}_t^l \\ \boldsymbol{s}_t^l \end{pmatrix} = \begin{pmatrix} \text{sigm} \\ \text{sigm} \\ \text{sigm} \\ \text{tanh} \end{pmatrix} \boldsymbol{W}^l \begin{pmatrix} \boldsymbol{h}_t^{l-1} \\ \boldsymbol{h}_{t-1}^l \end{pmatrix} \quad \begin{aligned} \boldsymbol{c}_t^l &= \boldsymbol{f}_t^l \odot \boldsymbol{c}_{t-1}^l + \boldsymbol{i}_t^l \odot \boldsymbol{s}_t^l \\ \boldsymbol{h}_t^l &= \boldsymbol{o}_t^l \odot \tanh \boldsymbol{c}_t^l \end{aligned} \tag{5.8}$$

在前向传递过程中,LSTMs 需要计算细胞的内部状态 $\boldsymbol{c}_t^l$ 和细胞的输出状态 $\boldsymbol{h}_t^l$。为了得到 $\boldsymbol{c}_t^l$,$\boldsymbol{s}_t^l$ 需要计算并存储当前输入,将这个结果乘以输入门 $\boldsymbol{i}_t^l$,决定何时在记忆单元 $\boldsymbol{c}_t^l$ 中保留或覆盖信息。细胞是用于存储以前的信息 $\boldsymbol{c}_{t-1}^l$,该信息可以通过遗忘门 $\boldsymbol{f}_t^l$ 进行重置,然后通过将结果添加到当前输入来获得新的细胞状态。细胞输出 $\boldsymbol{h}_t^l$ 的计算方法是将激活细胞状态乘以输出门 $\boldsymbol{o}_t^l$,学习何时访问存储细胞或何时阻塞内存细胞。sigm 和 tanh 分别是 sigmoid 和 tanh 激活函数。$\boldsymbol{W}^l \in \mathbf{R}^{4n \times 2n}$ 是需要学习的加权矩阵。

堆叠 LSTMs 中的隐藏单元有 2 种形式。1 种是同 1 层的隐藏单元 $\{\boldsymbol{h}_t^l, t \in 1, \cdots, T\}$,它是通过 LSTMs 连接的;另一种是同时刻的隐藏单元 $\{\boldsymbol{h}_t^l, t \in 1, \cdots, T\}$,它是通过前馈网络连接的。LSTMs 可以长时间保持短期记忆,因此误差信号很容易通过 $\{1, \cdots, T\}$。然而,当堆叠层数较大时,前馈网络会出现梯度消失或梯度爆炸问题,使梯度难以通过 $\{1, \cdots, L\}$。

LSTMs 的核心思想是利用恒等函数实现常误差旋转。He 等(2015)也使用恒等映射来训练 1 个非常深入的卷积神经网络,并提高了性能。受此启发,本章使用了 1 个标识函数来进行跳跃连接。相反,LSTMs 的门是避免权值更新冲突的关键部分,也会被跳跃连接调用。在高速门之后,使用带有恒等映射的门来避免冲突。

跳跃连接是跨层连接,即第 $l-2$ 层的输出不仅连接到第 $l-1$ 层,还连接到第 l 层,如图 5.5 所示。对于堆叠 LSTMs,h_t^{l-2} 可以连接到第 l 层 LSTMs 中的 3 个不同的门、内部状态和单元输出。通过对不同类型的跳跃连接进行分析,对应的形式如下。

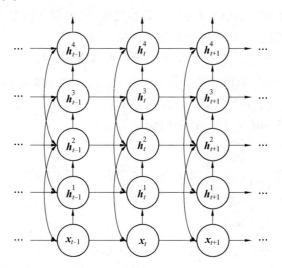

图 5.5 具有跳跃连接的深度神经网络用于顺序标记

(1)到门的跳跃连接。

通过恒等映射将 h_t^{l-2} 与门连接:

$$\begin{pmatrix} i_t^l \\ f_t^l \\ o_t^l \\ s_t^l \end{pmatrix} = \begin{pmatrix} \text{sigm} \\ \text{sigm} \\ \text{sigm} \\ \tanh \end{pmatrix} (W^l I^l) \begin{pmatrix} h_t^{l-1} \\ h_{t-1}^l \\ h_t^{l-2} \end{pmatrix} \tag{5.9}$$

式中,$I^l \in \mathbf{R}^{4n \times n}$ 为恒等映射。

(2)到内部状态的跳跃连接。

其中 1 种跳跃连接是连接 h_t^{l-2} 与细胞的内部状态 c_t^l:

$$c_t^l = f_t^l \odot c_{t-1}^l + i_t^l \odot s_t^l + h_t^{l-2} \tag{5.10}$$

$$h_t^l = o_t^l \odot \tanh c_t^l \tag{5.11}$$

(3) 到细胞输出跳跃连接。

将 h_t^{l-2} 连接到细胞输出：

$$c_t^l = f_t^l \odot c_{t-1}^l + i_t^l \odot s_t^l \tag{5.12}$$

$$h_t^l = o_t^l \odot \tanh c_t^l + h_t^{l-2} \tag{5.13}$$

(4) 使用门进行跳跃连接。

考虑细胞输出的跳跃连接情况，当细胞输出随网络深度线性增长时，使 h_t^l 的导数消失，并难以收敛。受到 LSTMs 门的启发，本节添加 1 个门，通过检索或阻塞它来控制跳跃连接：

$$\begin{pmatrix} i_t^l \\ f_t^l \\ o_t^l \\ g_t^l \\ s_t^l \end{pmatrix} = \begin{pmatrix} \text{sigm} \\ \text{sigm} \\ \text{sigm} \\ \text{sigm} \\ \tanh \end{pmatrix} W^l \begin{pmatrix} h_t^{l-1} \\ h_{t-1}^l \end{pmatrix} \quad \begin{aligned} c_t^l &= f_t^l \odot c_{t-1}^l + i_t^l \odot s_t^l \\ h_t^l &= o_t^l \odot \tanh c_t^l + g_t^l \odot h_t^{l-2} \end{aligned} \tag{5.14}$$

式中，g_t^l 为可用于访问跳跃输出 h_t^{l-2} 或阻塞它的门。当 g_t^l 为 0 时，不能通过跳跃连接传递跳跃输出，相当于传统的堆栈 LSTMs，否则它就像使用门控恒定连接的前馈 LSTMs。这里省略了添加门的情况，以得到内部状态的跳跃连接，与上面的情况类似。

(5) 双向 LSTMs 中的跳跃连接。

在双向 LSTMs 中使用跳跃连接类似于在单向 LSTMs 中使用的跳跃连接，具有双向处理特点：

$$\begin{aligned} \overrightarrow{c_t^l} &= \overrightarrow{f} \odot \overrightarrow{c_{t-1}^l} + \overrightarrow{i} \odot \overrightarrow{s_t^l}, & \overleftarrow{c_t^l} &= \overleftarrow{f} \odot \overleftarrow{c_{t-1}^l} + \overleftarrow{i} \odot \overleftarrow{s_t^l} \\ \overrightarrow{h_t^l} &= \overrightarrow{o} \odot \tanh \overrightarrow{c_t^l} + \overrightarrow{g} \odot \overrightarrow{h_t^{l-2}}, & \overleftarrow{h_t^l} &= \overleftarrow{o} \odot \tanh \overleftarrow{c_t^l} + \overleftarrow{g} \odot \overleftarrow{h_t^{l-2}} \end{aligned} \tag{5.15}$$

2. 组合范畴语法超标记的神经结构

组合范畴语法超标记可以表示为 $P(y|x;\theta)$，$x=(x_1,\cdots,x_n)$ 表示语句中的 n 个单词，$y=(y_1,\cdots,y_n)$ 表示对应的 n 个标签。本节将介绍计算 $P(\cdot)$ 的神经结构，它包括 1 个输入层、1 个叠加的隐藏层和 1 个输出层。由于在已经介绍了堆叠的隐藏层，所以本节只介绍输入层和输出层。

3. 网络输入

网络输入是序列中每个令牌的表示。有多种令牌表示,如使用单个单词嵌入的令牌表示、使用本地窗口方法的令牌表示及字级表示和数据级表示的组合令牌表示。考虑所有这些信息,可以通过将词汇表示、数据表示和大小写表示连在一起表示输入。

(1) 词汇表示。

词汇表中的所有单词共享 1 个公共查找表,这个查找表是用随机初始化或预训练嵌入来初始化的。1 个语句中的每个单词都可以映射到 1 个嵌入向量 x,然后整个语句由 1 个列向量矩阵表示 $[x_1,x_2,\cdots,x_n]$。在 Wu 等(2017)之后,本节使用 1 个大小为 d 的上下文窗口包围 1 个单词 x_i 来获取它的上下文信息。此外,可以向上下文窗口中的每个令牌添加逻辑门,可以表示为

$$x_i = [r_{i-[d/2]}x_{i-[d/2]},\cdots,r_{i+[d/2]}x_{i+[d/2]}]$$

式中,$r_i := [r_{i-[d/2]},\cdots,r_{i+[d/2]}] \in \mathbf{R}^d$ 为 1 个逻辑门,用于过滤不必要的上下文;$x_{i-[d/2]},\cdots,x_{i+[d/2]}$ 为嵌入在固定窗口中的单词。

(2) 数据表示。

词的前缀和后缀信息是组合范畴语法超标记的重要特征,Fonseca 等(2015)使用长度为 1 ~ 5 的数据前缀和后缀进行词性标注。类似地,可以将数据嵌入连接到 1 个单词中,以获得数据级的表示。具体来说,给定 1 个由一系列数据组成的单词 $[ch_1,ch_2,\cdots,ch_{l_{x_i}}]$,其中 l_{x_i} 是单词长度,$L(\cdot)$ 是数据查找表,可以连接最左边的 m 个数据嵌入 $L(ch_1),\cdots,L(ch_m)$ 及其最右边 m 个数据的嵌入 $L(ch_{l_{x_j}}-4),\cdots,L(ch_{l_{x_j}})$。当 1 个单词小于 m 个数据时,可以用相同的特殊符号填充其余数据。

(3) 大小写表示。

通常情况下,使用小写字母来减少单词字典的大小,以减少单词的稀疏性。但是,需要 1 个额外的大写嵌入来存储大写功能,它表示 1 个单词是否大写。

4. 网络输出

对于组合范畴语法超标签,在输出层使用 Softmax 激活函数 $g(\cdot)$:

$$o_{y_t} = g(W^{hy}[\overrightarrow{h_t};\overleftarrow{h_t}]) \tag{5.16}$$

式中,o_{y_t}为所有可能标记的概率分布,$o_{y_t}(k)=\dfrac{\exp(h_k)}{\sum_{k'}\exp(h_{k'})}$为$o_{y_t}$的第$k$个维度,对应于标签集合中第$k$个标签;$W^{hy}$为隐藏到输出的权重。

5.3 机器翻译的深度学习

与属于一一映射框架的命名实体识别和组合范畴语法超标记相比,机器翻译是1种经典的多对多预测任务,将m个词的源语言源语句x自动翻译成n个词的目标语言语句y,大多数情况下,$n\neq m$。机器翻译的概念最早出现于19世纪40年代,从此机器翻译作为典型任务测试机器智能。本节首先介绍机器翻译的定义;之后简要介绍统计机器翻译,并详细介绍机器翻译的深度学习方法。

5.3.1 任务定义

机器翻译的目的是将源语言语句自动转换为语义等价的目标语言语句。图5.6所示为英汉翻译示例。从语言单元的角度来看,机器翻译可以在词汇层面、语句层面、段落层面和文本层面进行操作,在机器翻译研究领域,机器翻译主要关注语句的层次。也就是说,机器翻译是把源语言语句映射成目标语言语句。

在过去的70年里,人们发明了几种解决机器翻译问题的方法。按照时间顺序,典型的方法包括基于准则的方法(Boitet 等,1982)、基于实例的模型(Nagao,1984)、统计机器翻译(Brown 等,1993)和神经机器翻译(Bahdanau 等,2015;Sutskever 等,2014)。

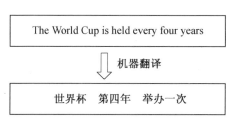

图5.6 英汉翻译示例

5.3.2 统计机器翻译

给定1个源语言语句x,统计机器翻译在目标语言中搜索所有的语句y,找到其中使后验概率$p(y|x)$最大化的y^*,这个后验概率通常用贝叶斯准则分解为两部分:

$$\begin{aligned} y^* &= \mathrm{argmax}_y p(y|x) \\ &= \mathrm{argmax}_y \frac{p(y) \cdot p(x|y)}{p(x)} \\ &= \mathrm{argmax}_y p(y) \cdot p(x|y) \end{aligned} \quad (5.17)$$

式中,$p(y)$为目标语言模型;$p(x|y)$为翻译模型。

式(5.17)通常被称为噪声信道模型。这种分解必须遵守严格的概率约束,不能利用其他有用的翻译特性。为了解决这个问题,提出用对数线性框架(Och和Ney,2002)来分解后验概率$p(x|y)$:

$$\begin{aligned} y^* &= \mathrm{argmax}_y p(y|x) = \mathrm{argmax}_y \frac{\exp(\sum_i \lambda_i h_i(x,y))}{\sum_{y'} \exp(\sum_i \lambda_i h_i(x,y'))} \\ &= \mathrm{argmax}_y \exp(\sum_i \lambda_i h_i(x,y)) = \mathrm{argmax}_y \{\sum_i \lambda_i h_i(x,y)\} \end{aligned}$$
$$(5.18)$$

式中,$h_i(x,y)$可以是任何翻译特性;λ_i为相应的特性加权。所有对数线性框架的特征将指导翻译过程产生的最佳翻译假设。

在统计机器翻译中,基于短语的统计机器翻译(phase-based statistical machine translation,PBSMT)(Koehn等,2003)是最流行的,本节用这个模型来介绍翻译过程。PBSMT将翻译过程分为3个步骤:① 将源句分成短语序列;② 利用短语翻译准则进行短语匹配和源到目标的映射;③ 片段翻译合成,得到最终的目标语句,称为短语重排模型。如图5.7所示。

一般来说,PBSMT过程很容易解释,然而它面临着许多问题。当PBSMT执行数据串匹配以产生候选目标短语翻译时,它不能使用语义相似的翻译规则,如可能有1个规则,其源端是was held,但是它不能用于翻译图5.7中给出的语句。此外,最优短语重排模型的复杂度随短语数量的增加呈指数增加,在符号匹配框架中,这些问题很难解决。Zhang和Zong(2015)详细讨论了符

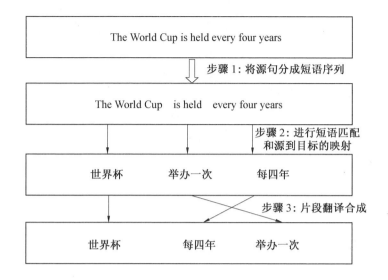

图 5.7 基于短语的统计机器学习示例

号表示法和分布式表示法。一些研究工作也是使用深度学习来改进统计机器翻译的性能(Li 等,2013;Vaswani 等,2013;Devlin 等,2014;张等,2014),由此出现了 1 种新的基于分布式表示的神经机器翻译模型,并迅速成为机器翻译的主导方法,并具有目前为止最佳性能(Wu 等,2016)。

5.3.3 节详细介绍神经机器翻译,并简要介绍其最新进展。

5.3.3 神经机器翻译

通常,神经机器翻译遵循编译码框架。编码器将源语言源语句编码为语义表示,解码器从左到右逐词生成目标语言语句。图 5.8 举例说明了与图 5.7 相同语句的翻译。

一般前提下,引入了类似于谷歌系统 GNMT(Wu 等,2016)的基于注意力的神经机器翻译,它利用了堆叠的长短期存储器(Hochreiter 和 Schmidhuber,1997)层,用于编码器和解码器,如图 5.9 所示,其中 m 堆叠 LSTMs 层用于编码器,l 堆叠 LSTMs 层用于解码器。

编码器 - 解码器神经机器翻译首先将源语言语句 $x = (x_1, x_2, \cdots, x_{T_x})$ 编码成上下文向量 $C = (h_1, h_2, \cdots, h_{T_x})$ 序列,其大小随源语句长度变化。

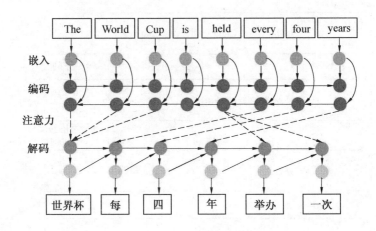

图 5.8 神经机器英汉翻译示例

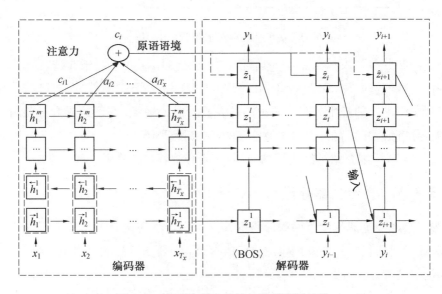

图 5.9 基于注意力的神经机器翻译结构

然后,从上下文向量编码-解码神经机器翻译通过最大化概率 $p(y_i \mid y_{<i}, C)$ 从上下文向量 C 中完成解码,并 1 次生成目标翻译 $Y = (y_1, y_2, \cdots, y_{T_y})$ 中的 1 个词。注意,$x_j(y_i)$ 是对应于源语句中 $j_{th}(i_{th})$ 的嵌入词。之后简要回顾编码器,并介绍如何获得 C 和解码器寻址,以及如何计算 $p(y_i \mid y_{<i}, C)$。

(1) 编码器。

上下文向量 $C = (h_1^m, h_2^m, \cdots, h_{T_x}^m)$ 是由编码器使用 m 堆叠 LSTMs 层生

成。h_j^k 的计算方法如下:

$$h_j^k = \text{LSTMs}(h_{j-1}^k, h_j^{k-1}) \tag{5.19}$$

式中,$h_j^{k-1} = x_j, k = 1$。

(2) 解码器。

条件概率 $p(y_i | y_{<i}, C)$ 根据不同时间步长的上下文 c_i 计算(Bahdanau et al. 2015):

$$p(y_i | y_{<i}, C) = p(y_i | y_{<i}, c_i) = \text{Softmax}(W\hat{z}_i)) \tag{5.20}$$

式中,$\hat{z}_i$ 是注意力输出为

$$\hat{z}_i = \tanh(W_c[z_i^l; c_i]) \tag{5.21}$$

注意力模型计算源端上下文向量的加权和 c_i,如图 5.9 所示的中间部分,为

$$c_i = \sum_{j=1}^{T_x} \alpha_{ij} z_i^l \tag{5.22}$$

式中,α_{ij} 为归一化项,为

$$\alpha_{ij} = \frac{h_j^m \cdot z_i^l}{\sum_{j'} h_{j'}^m \cdot z_i^l} \tag{5.23}$$

其中,z_i^k 的计算公式为

$$z_i^k = \text{LSTMs}(z_{i-1}^k, z_i^{k-1}) \tag{5.24}$$

如果 $k = 1$,z_i^1 通过 $\hat{z}_{i-1}$ 的反馈来计算(陈德良等,2015):

$$z_i^1 = \text{LSTMs}(z_{i-1}^1, y_{i-1}, \hat{z}_{i-1}) \tag{5.25}$$

谷歌报告称,这种神经机器翻译结构在机器翻译方面取得了一定突破,在多个语言对上实现了 60% 以上的提高(Wu 等,2016)。5.3.4 节简要介绍神经机器翻译的最新进展。

5.3.4 神经机器翻译的最新进展

虽然基于 RNNs 的神经翻译已经取得了很大的进步,并明显优于统计机器翻译,但仍然面临着许多问题,如翻译不足或过渡、未知或稀有单词翻译、单语数据使用及训练效率低下。

为了缓解翻译不足或过渡问题,Tu 等(2016)和 Mi 等(2016)认为其原因是在预测目标语言单词时忽略了每个源单词的历史注意力权重。他们设计

了1个覆盖模型,在该模型中,注意力权重被累积起来,并用作1个特征,以增强新目标单词的翻译。

Sennrich 等(2016)为了处理未知或稀有单词的翻译,提出使用子词作为翻译单位,许多稀有甚至未知的单词可以由几个子单词组成。Li 等(2016)提出了1个处理未知单词的替代 – 翻译 – 恢复框架,他们将每个生词替换成1个相似的词汇表中的单词,从而生成字典外(out-of-vocabulany,OOV)单词语句,然后生成新语句的翻译结果,在可能的情况下,用 OOV 的翻译替代原词汇的翻译。

为了充分利用单语数据,Sennrich 等(2016)提出了1种使用目标单语数据的新方法,他们通过将目标单语句翻译成源语言语句来合成双语数据,并用原始双语数据和合成的并行数据混合对神经机器翻译进行再训练。Zhang 和 Zong(2016)通过应用自学习和多任务学习算法进一步探索了源单语数据的使用。Cheng 等(2016)使用半监督方法来处理源单语数据和目标单语数据。

为了加快训练过程,充分利用上下文,Gehring 等(2017)提出了1种序列到序列卷积模型的神经机器翻译,其中编码器和解码器都采用多层卷积神经网络。通过使用多层卷积神经网络,LSTMs 的顺序依赖关系不再存在,因此在训练过程中,编码和解码过程可以并行进行。

更进一步,Vawani 等(2017)在不使用任何递归或卷积神经网络的情况下,设计了1个自关注的神经机器翻译。它们用自关注方法对源语句进行编码,并通过前馈网络计算第 i 个输入词与其他词之间的注意力,得到第 i 个输入词的隐藏表示,解码器也是类似的。该结构极大地提高了前馈计算和后向梯度更新的并行性。

图 5.10 所示为3种机器翻译,从图中可以分析每一层的复杂度、计算的并行性及任意2个位置之间的依赖长度。假设序列包含 n 个标记,即分布的维数表示为 d,卷积的核大小为 k,从图 5.10 中可以看出,为了完成1层的正向计算,递归、卷积和自关注神经机器翻译需要 $O(n \cdot d^2)$、$k \cdot n \cdot d^2$ 和 $n^2 d$ 操作。由于在大多数情况下 $n \ll d$,自关注神经机器翻译每层需要的计算量最少。

并行性取决于每次迭代的计算是否需要以前的信息。从图 5.10 中可以看出,卷积和自关注结构可以高度并行化,因为它们可以对每个位置分别进行计算。

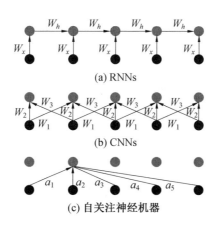

图 5.10 3 种机器翻译

在句法分析和机器翻译等顺序学习任务中,远程依赖关系建模具有重要意义。它也非常具有挑战性,因为任何位置之间的顺序关系很难捕捉,如在递归神经机器翻译中,如果想要查看第 1 个位置和第 i 个位置之间的关系,需要 i 个步骤。卷积神经机器翻译将步骤数降低到 $O(\log_k(n))$,而自关注神经机器翻译只需要 1 步。3 种机器翻译见表 5.2,从表中可以看出,自关注机器翻译更有优势。Vawani 等(2017)提到,自关注模型实现了新的最先进的翻译结果,对于网络训练来说更有效。

表 5.2 3 种机器翻译

结构	每层的复杂性	顺序操作	相关长度
递归机器翻译	$O(n \cdot d^2)$	$O(n)$	$O(1)$
卷积机器翻译	$O(k \cdot n \cdot d^2)$	$O(1)$	$O(\log_k(n))$
自关注机器翻译	$O(n^2 \cdot d)$	$O(1)$	$O(1)$

5.4 文本摘要的深度学习

与保持输入序列和输出序列之间严格语义等价关系的机器翻译相比,文本摘要从输入文本中提取关键信息,并输出摘要,如果输入文本的长度为 n,那么输出长度 m 将比 n 小得多。

5.4.1 任务定义

自动文本摘要的概念是于 20 世纪 50 年代由 Luhn(1958) 提出的,它的目的是将 1 个文本或多个文本压缩成 1 个简短的摘要,以反映原文的主要信息。一般来说,生成的摘要应该信息量大、冗余少、可读性强。图 5.11 所示为 1 个自动文本摘要的示例,该示例简单地从原始文本中提取最重要的 2 个语句。

> Without a grand slam title from the middle of 2012 to the conclusion of 2016, the Swiss has now won three of his last four following a gripping 6-2 6-7 (5-7) 6-3 3-6 6-1 victory over Marin Cilic in Sunday's Australian Open final. He has reached the milestone of 20 grand slam titles -- the first man to do so -- and it is a mark that could stand for decades. Or longer. His six Australian Open crowns also drew him level with the all-time men's leaders of Roy Emerson and Novak Djokovic and he is the second oldest man to win a major in the Open Era. The 36-year-old has often said other great players will come along when he finally does retire. That could be the case but there might not be another player quite like him. Much to the relief of his legions of supporters, Federer's form suggests he won't be calling it quits anytime soon. The two sets he dropped against the sixth-ranked Cilic were the only ones he conceded the entire fortnight in Melbourne. "The fairy tale continues for us, for me, after the great year I had last year," said Federer, who captured the Australian Open and Wimbledon in 2017 to end his grand slam drought. "It's incredible." An emotional Federer then thanked the crowd, who had chanted, 'Let's go, Roger' to get him over the finish line in the fifth set. There were indeed tears from Federer a la the 2009 Australian Open final. Federer admitted he was nervous in the buildup as he thought about getting to 20, which would explain why he wasn't his usual efficient self in the second and fourth sets. Federer's late career revival after a knee injury truly began 12 months ago in Melbourne when he overcame Nadal in five sets in the final.

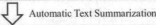
Automatic Text Summarization

> Without a grand slam title from the middle of 2012 to the conclusion of 2016, the Swiss has now won three of his last four following a gripping 6-2 6-7 (5-7) 6-3 3-6 6-1 victory over Marin Cilic in Sunday's Australian Open final. His six Australian Open crowns also drew him level with the all-time men's leaders of Roy Emerson and Novak Djokovic and he is the second oldest man to win a major in the Open Era.

图 5.11　1 个自动文本摘要的示例

从方法论角度来说,自动文本摘要可以大致分为 2 种模式,即提取式摘要(Erkan 和 Radev,2004;Nallapati 等,2017)和概括式摘要(Barzilay 和 McKeown,2005;Filippova 和 Strube,2008;Rush 等,2015)。提取式摘要是提取文本的部分内容(通常是语句作为基本单位)来组成摘要;虽然概括式摘要是通过意译或概括出源文本中没有出现的新语句来产生简短的摘要,人工编写的摘要通常是这样的。

5.4 节首先简要介绍提取式摘要方法,并分析了它的不足之处;之后详细介绍了利用深度学习进行概括式摘要的方法。

5.4.2 提取式摘要

提取式摘要直接从原文中选择备选的摘要语句,尽管它不是理想的摘要方法,但这种方法非常简单,生成的摘要流畅且易于阅读,所以是学术界和工业界自动摘要的主要方法。本节以单文本摘要为例,介绍提取摘要方法。

给定1个包含 n 个语句的文本,$D = \{S_1, S_2, \cdots, S_{n-1}, S_n\}$,目标是从 D 中提取 m 个突出语句,形成1个摘要。m 是超参数或由摘要的字数限制来决定。显而易见,最具挑战性的任务是衡量每个语句的重要性。

Erkan 和 Radev(2004)提出的最有效的方法 LexRank。LexRank 是1种基于图的算法,灵感来自于 Page Rank(Page 等,1999)。其背后的思想是,如果许多语句与某个语句有一些相似之处,那么这个语句就是具有代表性的。文本 D 中所有的语句首先被用来构造1个图 $G = (V, E)$,每个顶点 $V_i \in V$ 表示第 i 个语句 $S_i \in D$,每个边 $E_{i,j}$ 连接2个顶点 V_i 和 V_j,1个权值 W_{ij} 与边关联,权值 W_{ij} 反映了2个顶点之间的相似程度。图 5.12 所示为提取式摘要中用于语句分数计算的文本图表示。

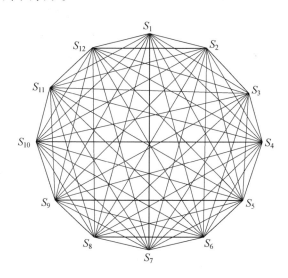

图 5.12 提取式摘要中用于语句分数计算的文本图表示

权值 $W_{i,j}$ 通常由基于词频 - 逆文档特征(term-frequency inverse document frequency,TFIDF)2个语句之间的余弦相似度计算得到:

$$W_{ij} = \frac{\sum_{w \in V_i, V_j} (\text{TFIDF}_w)^2}{\sqrt{\sum_{x \in V_i} (\text{TFIDF}_x)^2} \times \sqrt{\sum_{y \in V_j} (\text{TFIDF}_y)^2}} \quad (5.26)$$

式中,$w \in V_i, V_j$ 为单词在语句 S_i 和语句 S_j 中出现的次数,$\text{TFIDF}_w = \text{TF}_w \times \text{IDF}_w$,$\text{TF}_w$ 和 IDF_w 计算如下:

$$\text{TF}_w = \frac{\text{count } w}{\sum_{w' \in S} \text{count } w'}$$

$$\text{IDF}_w = \frac{|D|}{|j| w' \in S_j|} \quad (5.27)$$

式中,count w 为单词 w 在语句 S 中出现的次数;$|D|$ 为文本中的语句数,$|j| w' \in S_j|$ 表示包含单词 w 的语句数。

基于上述计算,LexRank 计算每个语句 S_i 的显著性得分如下:

$$S(V_i) = \frac{1-d}{n} + d \times \sum_{V_j \in adj(V_i)} \frac{W_{ij}}{\sum_{V_k \in adj(V_i)} W_{ik}} S(V_j) \quad (5.28)$$

式中,$adj(V_i)$ 为 V_i 的相邻顶点;$d \in [0,1]$ 是 1 个倾向因子,该倾向因子通常设置为 0.85,表示 1 个顶点跳跃到另一个顶点的先验概率。

LexRank 用 1 个随机值来初始化每个语句 S_i 的显著性得分,并迭代运行式(5.28),直到 $|S_i^{k+1} - S_i^k| < \varepsilon$,其中 ε 为预定义的阈值。

在得到文本中所有语句的显著性得分后,可以通过选择满足非冗余约束的前 m 个语句来形成摘要。

尽管提取方法简单有效,但仍面临一些不可避免的问题,如 1 个语句的某些部分是突出的,而其他部分是不重要的,这个语句会被整体选择或整体丢弃。基于语句的抽取不能去掉语句中不重要的部分,这将导致摘要中包含许多不相关的片段,而许多突出的信息由于篇幅限制而无法包含。此外,提取式摘要是基于符号表示计算显著性得分的,而符号表示法无法研究相关概念(如总结和摘要)之间的相似性。

基于分布式表示的深度学习方法可以很好地解决上述问题,并越来越受到学术界和工业界的关注。

5.4.3 深度学习的概括式摘要

Rush 等(2015)首次提出了端到端的深度学习用于概括式摘要,该方法应用了从神经机器翻译中借用的编译码框架(Bahdanau 等,2015)。当时,Rush 等(2015)只处理将长句压缩成短句的语句摘要。随后,几位研究人员继续深入研究,通过寻址编解码器网络提高了语句摘要的性能(Chopra 等,2016;Zhou 等,2017)、未知词(Gulcehre 等,2016)和注意办机制(Liu 等,2017)。

Nallapati 等(2016)介绍了1个大数据集 CNNs/Daily Mail 数据库,每个实例是新闻文本和1个相应的多句摘要。他们设计1个纯粹的基于 RNNs 的编码器-解码器框架来解决这个问题。在此基础上,Liu 等(2017)通过复制机制模型改进了处理未知单词的能力和通过覆盖模型改进了处理短语重复的问题。

原则上,神经概括摘要(neural architecture search,NAS)与神经机器翻译应用相同的编码器-解码器模式,两者最大的区别在于,复制机制对神经概括摘要非常有效,因为得到摘要和原始文本属于同1种语言,许多信息词可以直接从原始文本中复制。因此,具有复制机制的编码器-解码器框架成为神经概括摘要的流行方法(Liu 等,2017)。本节将详细介绍这种方法。

图5.13所示为采用具有复制机制的编解码器框架的概括式摘要方法。假设输入文本是1个长单词序列 $x=(x_1,x_2,\cdots,x_{T_x})$,将输入文本中的所有语句连接,仅用1个单词序列表示文本。与神经机器翻译类似,神经概括摘要首先将该词序列编码为上下文向量序列 $C=(h_1,h_2,\cdots,h_{T_x})$,如图5.13左下角所示。图5.13中的标签①表示当前解码器隐藏状态 s_t 和每个输入隐藏状态 h_i 之间的注意力分配 a_t 的计算:

$$e_t(i) = v^T \tanh(W_h h_i + W_s s_t + b_{att})$$

$$a_t(i) = \frac{\exp e_t(i)}{\sum_k \exp e_t(k)} \tag{5.29}$$

式中,v、W_h、W_s 和 b_{att} 为可学习参数,可在网络训练过程中进行优化。

那么,时间步长 t 的动态输入上下文 c_t 为

$$c_t = \sum_i a_t(i) h_i \tag{5.30}$$

经过注意力权值计算后,标签②展示了如何使用当前解码器隐藏状态 s_t 和整体输入上下文 c_t 来生成整个词汇表的概率分布 p_{vocab},其中 p_{vocab} 是通过2层线性变换和1个 Softmax 层获得的:

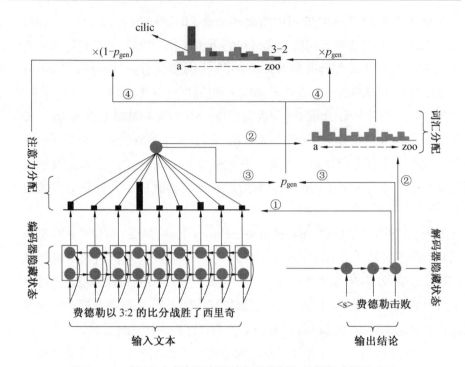

图5.13 采用具有复制机制的编解码器框架的概括式摘要方法

$$p_{\text{vocab}} = \text{Softmax}(V_2(V_1[s_t, c_t] + b_1) + b_2) \quad (5.31)$$

式中,V_1、V_2、b_1 和 b_2 为网络参数。此时,如果不进一步考虑复制机制等其他特性,可以输出具有高概率的单词作为摘要单词。

复制机制背后的基本思想是,已知一些特定的可能性,在每个解码时间步长中直接从输入序列中复制1个单词。因此,有3个问题需要解决:① 如何确定每个解码步骤的具体可能性;② 如何确定应该复制哪个输入单词;③ 如何处理复制机制与词汇概率分布之间的关系。

图5.13中的标签③显示了如何计算概率 p_{gen}(这里是 $1 - p_{\text{gen}}$ 是执行复制的可能性):

$$p_{\text{gen}} = \sigma(W_{c_i}^T c_t + W_s^T s_t + W_y^T y_t + b_{\text{copy}}) \quad (5.32)$$

式中,y_t 为第 t 步的解码器输入;W_{c_i}、W_s、W_y 和 b_{copy} 为相应的可学习参数。

每个单词的复制概率由总体复制概率 $1 - p_{\text{gen}}$ 和注意力权重 $a_t(i)$ 共同决定:

$$p_i = (1 - p_{\text{gen}}) a_t(i) \quad (5.33)$$

如图 5.13 所示,输入序列中 cilic 这个单词的复制概率最大,因为它的注意力权重比其他单词大得多。

最后,结合复制机制和原始词汇分布,可以更新词汇表中每个单词 w 的概率 $P(w)$,如图 5.13 中的标签 ④ 所示为

$$P(w) = p_{\text{gen}} P_{\text{vocab}}(w) + (1 - p_{\text{gen}}) \sum_{i:w_i = w} a_t(i) \qquad (5.34)$$

结合词汇分布和复制机制,cilic 更倾向于作为总结词,如图 5.13 顶部所示。

神经概括摘要在基于摘要的理解方面取得了很大进展,但研究仍面临一些关键的问题,如神经方法目前不能处理多文本摘要,原因之一是可用的标签数据太少,另一个原因是自动摘要任务的固有特性。最后的总结与原文相比压缩率非常高,可能是 1% 甚至 0.1%,这使得当前的模型很难从原始文本中找到最重要的 1% 的信息。

5.5 结 论

近年来,深度学习一直是自然语言处理领域的研究热点,它几乎应用于自然语言处理的所有任务中,在几个方面都取得了突破,尤其是在机器翻译方面,相信在未来,深度学习将在自然语言处理中扮演更重要的角色。

在未来的研究工作中,基于自然语言处理的深度学习需要解决 2 个关键问题。首先,应该充分利用深度学习方法的可解释性,因为自然语言不仅需要计算和处理,还需要理解。另外,设计新的框架,将深度学习方法与专家规则、常识知识图等语言知识结合。

本章参考文献

[1] Andreas J, Rohrbach M, Darrell T, Klein D (2016) Learning to compose neural networks for question answering. In: Proceedings of NAACL-HLT, 232-237.

[2] Bahdanau D, Cho K, Bengio Y (2015) Neural machine translation by jointly learning to align and translate. In: Proceedings of ICLR.

[3] Barzilay R, McKeown KR (2005) Sentence fusion for multidocument nearization. Comput Linguist 31(3):297-328.

[4] Bengio Y, Simard P, Frasconi P (1994) Learning long-term dependencies with gradient descent is difficult. IEEE Trans Neural Netw 5(2):157-166.

[5] Berger AL, Pietra VJD, Pietra SAD (1996) A maximum entropy approach to natural language processing. Comput Linguist 22(1):39-71.

[6] Boitet C, Guillaume P, Quezel-Ambrunaz M (1982) Implementation and conversational environment of ariane 78.4, an integrated system for automated translation and human revision. In: Proceedings of the 9th conference on computational linguistics-volume 1. Academia Praha, 19-27.

[7] Bordes A, Chopra S, Weston J (2014) Question answering with subgraph embeddings. arXiv preprint arXiv:1406.3676.

[8] Bordes A, Usunier N, Chopra S, Weston J (2015) Large-scale simple question answering with memory networks. arXiv preprint arXiv:1506.02075.

[9] Brown PF, Della Pietra SA, Della Pietra VJ, Mercer RL (1993) The mathematics of statistical machine translation: parameter estimation. Comput Linguist 19(2):263-311.

[10] Cai D, Zhao H, Zhang Z, Xin Y, Wu Y, Huang F (2017) Fast and accurate neural word segmentation for Chinese. In: Proceedings of ACL, 608-615.

[11] Chen D, Manning C (2014) A fast and accurate dependency parser using neural networks. In: Proceedings of the 2014 conference on empirical methods in naturallanguage processing (EMNLP), 740-750.

[12] Chen X, Qiu X, Zhu C, Liu P, Huang X (2015) Long short-term memory neural networks for Chinese word segmentation. In: Proceedings of EMNLP, 1197-1206.

[13] Cheng Y, Xu W, He Z, He W, Wu H, Sun M, Liu Y (2016) Semi-supervised learning for neural machine translation. In: Proceedings of ACL 2016.

[14] Chiu JP, Nichols E (2016) Named entity recognition with bidirectional LSTMs-CNNs. Trans ACL 4:357-370.

[15] Chopra S, Auli M, Rush AM (2016) Abstractive sentence summarization with attentive recurrent neural networks. In: Proceedings of NAACL-HLT, 93-98.

[16] Collobert R, Weston J, Bottou L, Karlen M, Kavukcuoglu K, Kuksa P (2011) Natural language processing (almost) from scratch. J Mach Learn Res 12(Aug):2493-2537.

[17] Cortes C, Vapnik V (1995) Support-vector networks. Mach Learn 20(3): 273-297.

[18] Devlin J, Zbib R, Huang Z, Lamar T, Schwartz RM, Makhoul J (2014) Fast and robust neural network joint models for statistical machine translation. In: Proceedings of ACL, 1370-1380.

[19] Dong C, Zhang J, Zong C, Hattori M, Di H (2016) Character-based LSTMs-CRF with radical-level features for Chinese named entity recognition. In: International conference on computer processing of oriental languages. Springer, 239-250.

[20] Dong C, Wu H, Zhang J, Zong C (2017) Multichannel LSTMs-CRF for named entity recognition in Chinese social media. In: Chinese computational linguistics and natural language processing based on naturally annotated big data. Springer, 197-208.

[21] Erkan G, Radev DR (2004) Lexrank: graph-based lexical centrality as salience in text summariza-tion. J Artif Intell Res 22:457-479.

[22] Filippova K, Strube M (2008) Sentence fusion via dependency graph compression. In: Proceedings of EMNLP, 177-185.

[23] Fonseca ER, Rosa JLG, Aluísio SM (2015) Evaluating word embeddings and a revised corpus for part-of-speech tagging in Portuguese. J Braz Comput Soc 21(1):1-14.

[24] Gehring J, Auli M, Grangier D, Yarats D, Dauphin YN (2017) Convolutional sequence to sequence learning. arXiv preprint arXiv:

1705.03122.

[25] Gulcehre C, Ahn S, Nallapati R, Zhou B, Bengio Y (2016) Pointing the unknown words. In: Proceedings of ACL.

[26] He K, Zhang X, Ren S, Sun J (2015) Deep residual learning for image recognition. In: Proceedings of CVPR.

[27] Hochreiter S, Schmidhuber J (1997) Long short-term memory. Neural Comput 9(8):1735-1780.

[28] Koehn P, Och FJ, Marcu D (2003) Statistical phrase-based translation. In: Proceedings of NAACL.

[29] Lafferty J, McCallum A, Pereira FC (2001) Conditional random fields: probabilistic models for segmenting and labeling sequence data. In: Proceedings of ICML.

[30] Lample G, Ballesteros M, Subramanian S, Kawakami K, Dyer C (2016) Neural architectures for named entity recognition. In: Proceedings of NAACL-HLT.

[31] Li P, Liu Y, Sun M (2013) Recursive autoencoders for ITG-based translation. In: Proceedings of EMNLP.

[32] Li X, Zhang J, Zong C (2016) Towards zero unknown word in neural machine translation. In: Proceedings of IJCAI 2016.

[33] Liu J, Zhang Y (2017) Shift-reduce constituent parsing with neural lookahead features. TACL 5(Jan):45-58.

[34] Luhn HP (1958) The automatic creation of literature abstracts. IBM J Res Dev 2(2):159-165.

[35] Luong M-T, Pham H, Manning CD (2015) Effective approaches to attention-based neural machine translation. In: Proceedings of EMNLP 2015.

[36] Ma X, Hovy E (2016) End-to-end sequence labeling via bi-directional LSTMs-CNNs-CRF. In: Proceedings of ACL.

[37] Manning CD, Schütze H (1999) Foundations of statistical natural language processing. MIT Press, Cambridge/London.

[38] McCallum A, Nigam K et al (1998) A comparison of event models for Naive Bayes text classification. In: AAAI-98 workshop on learning for text categorization, Madison, vol 752, 41-48.

[39] Mi H, Sankaran B, Wang Z, Ittycheriah A (2016) A coverage embedding model for neural machine translation. In: Proceedings of EMNLP 2016.

[40] Nagao M (1984) A framework of a mechanical translation between Japanese and English by analogy principle. In: Elithorn A, Banerji R (eds) Artificial and human intelligence, Elsevier Science Publishers B. V., 173-180.

[41] Nallapati R, Zhou B, Gulcehre C, Xiang B et al (2016) Abstractive text summarization using sequence-to-sequence RNNs and beyond. In: Proceedings of CoNLL.

[42] Nallapati R, Zhai F, Zhou B (2017) Summarunner: a recurrent neural network based sequence model for extractive summarization of documents. In: AAAI, 3075-3081.

[43] Och FJ, Ney H (2002) Discriminative training and maximum entropy models for statistical machine translation. In: Proceedings of ACL.

[44] Page L, Brin S, Motwani R, Winograd T (1999) The pagerank citation ranking: bringing order to the web. Technical report, Stanford InfoLab.

[45] Pei W, Ge T, Chang B (2014) Max-margin tensor neural network for Chinese word segmentation. In: Proceedings of ACL, 293-303.

[46] Rush AM, Chopra S, Weston J (2015) A neural attention model for abstractive sentence summarization. In: Proceedings of EMNLP.

[47] SeeA, Liu PJ, Manning CD (2017) Get to the point: summarization with pointer-generator networks. In: Proceedings of ACL.

[48] Sennrich R, Haddow B, BirchA (2016a) Improving neural machine translation models with monolingual data. In: Proceedings of ACL 2016.

[49] Sennrich R, Haddow B, BirchA (2016b) Neural machine translation of rare words with subword units. In: Proceedings of ACL 2016.

[50] Socher R, Bauer J, Manning CD et al (2013) Parsing with compositional

vector grammars. In: Proceedings of ACL, 455-465.

[51] Steedman M (2000) The syntactic process, vol 24. MIT Press, Cambridge.

[52] Steedman M, Baldridge J (2011) Combinatory categorial grammar. In: Borsley RD, Borjars K (eds) Non-transformational syntax: formal and explicit models of grammar. Wiley-Blackwell, Chichester/Malden.

[53] Sutskever I, Vinyals O, Le QV (2014) Sequence to sequence learning with neural networks. In: Proceedings of NIPS.

[54] Tu Z, Lu Z, Liu Y, Liu X, Li H (2016) Coverage-based neural machine translation. In: Proceedings of ACL 2016.

[55] Vaswani A, Zhao Y, Fossum V, Chiang D (2013) Decoding with large-scale neural language models improves translation. In: Proceedings of EMNLP, 1387-1392.

[56] Vaswani A, Bisk Y, Sagae K, Musa R (2016) Supertagging with LSTMs. In: Proceedings of NAACL-HLT, 232-237.

[57] Vawani A, Shazeer N, Parmar N, Uszkoreit J, Jones L, Gomez AN, Kaiser L, Polosukhin I (2017) Attention is all you need. arXiv preprint arXiv: 1706.03762.

[58] Wu H, Zhang J, Zong C (2016a) An empirical exploration of skip connections for sequential tagging. In: Proceedings of COLING, 232-237.

[59] Wu Y, Schuster M, Chen Z, Le QV, Norouzi M, Macherey W, Krikun M, Cao Y, Gao Q, Macherey K et al (2016b) Google's neural machine translation system: bridging the gap between human and machine translation. arXiv preprint arXiv:1609.08144.

[60] Wu H, Zhang J, Zong C (2017) A dynamic window neural network for CCG supertagging. In: Proceedings of AAAI.

[61] Yu L, Hermann KM, Blunsom P, Pulman S (2014) Deep learning for answer sentence selection. arXiv preprint arXiv:1412-1632.

[62] Zhang J, Zong C (2015) Deep neural networks in machine translation: an overview. IEEE Intell Syst 30(5):16-25.

[63] Zhang J, Zong C (2016) Exploring source-side monolingual data in neural

machine translation. In: Proceedings of EMNLP 2016.

[64] Zhang J, Liu S, Li M, Zhou M, Zong C (2014a) Bilingually-constrained phrase embeddings for machine translation. In: Proceedings of ACL, 111-121.

[65] Zhang J, Liu S, Li M, Zhou M, Zong C (2014b) Mind the gap: machine translation by minimizing the semantic gap in embedding space. In: AAAI, 1657-1664.

[66] Zhou Q, Yang N, Wei F, Zhou M (2017) Selective encoding for abstractive sentence summariza-tion. In: Proceedings of ACL.

[67] Zong C (2008) Statistical natural language processing. Tsinghua University Press, Beijing.

第6章 基于深度学习模型的海洋数据分析

随着先进观测设备的发展,如卫星雷达和高度计,人们每天都可以测量并保存大量的海洋数据。如何从这些原始数据中提取出有效信息,成为海洋科学研究中亟待解决的问题。本章回顾了数据表示学习算法,试图从原始数据中学习有效的特征,并对隐藏的数据提供较高的预测准确率。本章重点描述了两项工作,以展示最先进的深度学习模型是如何应用于海洋数据分析中的,即如何使用深度卷积神经网络进行海峰识别,如何使用长短时记忆网络进行海洋表面温度预测。本章认为这两项工作对机器学习和海洋科学领域的研究人员来说都是很重要的,许多机器学习算法将会应用在海洋科学中。

6.1 概 述

海洋科学研究因其在渔业、军事等领域的重要作用而受到各国科学家的广泛关注。随着卫星雷达、高度计等观测设备的发展,人们每天可以测量和保存大量的海洋数据,这些数据大多以图像和数值的形式记录着海水的状态及海洋现象的产生、变化和消失,因此如何利用这些观测到的海洋数据发现规律并预测将要发生的现象,是海洋科学相关领域研究人员面临的1个重要且紧迫的问题。

在机器学习中,为了从原始数据中提取有效信息,考虑表示学习算法。在大多数情况下,学习1个表示原始数据的新空间,并在这个新空间中执行后续操作,如分类、回归和检索。通常,对于具有大规模或高维数据的应用程序,如何学习数据的低维固有表示是1个非常关键且具有挑战性的问题。

自20世纪90年代以来,人们提出了许多方法来学习数据的有效表示。数据表示学习方法根据其模型结构的不同,可以分为浅层特征学习方法和深度学习模型2类,如主成分分析(principal componend analysic,PCA)(Pearson,1901)和线性判别分析(linear discriminant analysic,LDA)(Fisher,1936)是

2种浅层特征学习方法,它们分别是无监督和有监督的。深度信念网络(deep belief networks,DBNs)(Hinton and Salakhutdinov,2006)和深度自编码(Deep autoencoders)(Hinton等,2006)是2种深度学习模型。

从原始数据空间到学习特征空间的映射函数来看,数据表示学习方法可以分为线性和非线性2种,如PCA和LDA是线性特征学习方法,而它们的核化算法 kernel PCA(Scholkopf等,1998)和广义判别分析(generalized discriminant analysis,GDA)(Baudat和Anouar,2000)是非线性方法。自2000年以来,机器学习领域的研究人员提出了多种学习方法,如等距特征映射(Isomap)(Tenenbaum等,2000)和局部线性嵌入(locally linear embedding,LLE)(Roweis and Saul,2000)算法,用于发现高维数据的低维嵌入。多数流形学习方法是非线性方法,然而它不能在低维嵌入和高维数据之间构建1个精确的映射函数。由于在深度学习模型中使用了非线性激活函数,因此几乎所有的方法都是非线性的。由于需要学习的参数通常很多,因此深度学习模型是非凸的。

6.2节将介绍关于表示学习和海洋数据分析的背景知识。6.3.1节将介绍利用深度卷积神经网络进行海峰识别的工作;6.3.2节将介绍用于预测海面温度(sea surface temperature,SST)的长短时记忆网络。6.4节是本章的结语及对未来研究方向的展望。

6.2 背　　景

本节介绍了表示学习算法和一些海洋数据分析方面的工作,特别是与海峰识别和海面温度预测相关的工作。

6.2.1 表示学习

20世纪90年代提出了许多数据表示学习方法。Zhong等(2016)对数据表示学习算法进行了全面综述,特别是Zhong和Cheriet(2015)提出了1个张量表示学习的框架,许多线性、核和张量表示学习算法都属于这个框架,并从理论上证明了算法的收敛性。随着深度学习的发展,针对模式识别、目标检测等应用提出了许多深度体系结构。

1. 浅层特征学习

主成分分析是1种经典的线性降维方法（Pearson,1901；Joliffe,2002），为了推导出主成分分析的非线性版本，采用了2种方法。1种是内核方法，它提供内核 PCA（Scholkopf 等,1998）；另一种是潜在变量模型，它产生了高斯过程潜在变量模型（gaussian process latent veriable model, GPLVM）（Lawrence,2005）。此外，为了将 GPLVM 扩展到监督学习，Zhong 等（2010）提出了高斯过程潜在随机场（gaussian process latent randow field, GPLRF），也可以认为是 PCA 的监督非线性版本。

线性判别分析（LDA）（Fisher,1936）是1种最早的数据表示监督学习方法，LDA 的投影方向可以通过广义特征值分解（generalized eigenvalue deconposition, GED）来学习，然而，GED 只能给出 LDA 的1个近似解。Zhong 和 Ling（2016）分析了跟踪比问题的迭代算法，并证明了跟踪比问题最优解存在的充要条件。在这种情况下，LDA 的学习可以转化为跟踪比问题，从而得到全局最优解。特别是 Zhong 等（2016）提出了1种基于迹比公式并具有全局收敛性的关系型学习框架，称为关系型费雪分析（relational fisher analysis, RFA）。

除了 PCA、LDA 及其变体，还有许多其他的数据表示学习方法，如基于集成学习的方法（Zhong 和 Liu,2013）、集成在多任务学习环境中的方法（Zhong 和 Cheriet,2013）和张量表示学习算法（Zhong 和 Cheriet,2012、2014；贾等,2014）。

自2000年以来，提出了一些流形学习算法，如等距特征映射方法（Isomap）（Tenenbaum 等,2000）和局部线性嵌入方法（Roweis and Saul, 2000）。然而，作为非线性降维方法，多数流形学习算法无法在高维数据和低维嵌入之间生成精确的映射函数（Zhong 等,2012）。因此，有学者提出了一些线性算法，如局部保持投影算法（locality preserving projection, LPP）（He 和 Niyogi,2003）和边际费雪分析算法（Yan 等,2007）。最终，多种学习算法被广泛应用于人脸识别和手写识别任务中（He 等,2005；Cheriet 等,2013）。

除了上述的数据表示学习方法外，相似度学习和距离度量学习算法通常用来学习数据子空间中的潜在表示（Xing 等,2002；Weinberger 等,2005；Chechik 等,2010；Zhong 等,2011、2016、2017）。

2. 深度学习

由于特征学习算法的发展、大规模标记图像的可用性和计算硬件的高性能,深度学习近年来受到了广泛的关注,并被应用于许多领域。Zhong 等(2018)从深度结构的广度和深度 2 个方面描述了深度结构的好处。由于近年来提出了许多深度网络,本章仅介绍了一些典型的深层模型,如 AlexNet (Krizhevsky 等,2012)、VGGNet(Simonyan 和 Zisserman,2014)、GoogLeNet (Szegedy 等,2014)和 ResNet(He 等,2015)。

除了具有网络结构的深度结构,如前馈网络和卷积网络,研究人员还设计了一些新的深层结构,如 Zheng 等(2014)提出了 1 种利用传统的浅层特征学习模块构建深层结构的新方法,包括 PCA 和随机邻居嵌入方法(stochastic neighbor embedding, SNE)(Hinton and Roweis,2002)。由于每一层都可以用 1 个特定的目标函数进行预训练,因此构造深层结构通常比深层自动编码器(Hinton 和 Salakhutdinov,2006)和堆叠去噪自动编码器(Vincent 等,2010)表现得更好。此外,Zhong 等(2017)提出了边际深层体系结构(Marginal Deep Architecture, MDA),该体系结构堆叠了多层边际费雪分析(Marginal Fisher Analysis, MFAs)(Yan 等,2007)。通过 dropout(Hinton 等,2012)和反向传播技术,MDA 可以很好地应用于多类分类应用。Zhong 等(2018)将传统的纠错输出码框架扩展到多层模式,认为这是 1 种利用集成学习方法构建深度结构的新方法。

为了提高深度网络的有效性,学者们提出了许多方法,如 Zheng 等,(2015)运用拉伸技术(Pandey and Dukkipati,2014)将学习到的深层特征映射到 1 个更高维度的空间,并在这个新的空间中进行分类,实验证明了所采用方法的有效性。Zhong 等(2016)基于 AlexNet(Krizhevsky 等,2012)和 VGGNet(Simonyan 和 Zisserman,2014)提出了 1 种深度哈希学习网络,可以联合学习哈希代码和哈希函数。Zhong 等(2018)不仅提出了 Softmax 损失,还提出了 1 种卷积判别损失,它强制将同一类的深层特征闭合,将不同类的深层特征分离。为了压缩参数量,加快深度神经网络的运行速度,Zhong 等(2018)提出了 1 种基于相似神经元合并的深度神经网络结构压缩算法。

目前,深度学习模型已经广泛应用于笔迹识别、图像理解等领域。Roy 等(2016)提出了 1 种基于 DBNs 的串联隐马尔可夫模型,用于离线手写识别,具体来说,DBNs 用于学习手写文本图像的紧凑表示,HMMs 用于单词识别。Donahue 等(2014)提出了 1 种基于 AlexNet 的特征学习方法,将深度卷积激活特征(deep convolutional activation feature, DeCAF)作为原始数据的新表示。Zhong 等(2014)将 DeCAF 技术应用于文献图像的图书名称识别和图书类型分类,这是文献分析与识别面临的 2 个新问题。Cai 等(2015)重新探讨了用 DeCAF 进行图像分类是否足够准确的问题,在还原和拉伸操作的基础上,针对几个图像分类问题对 DeCAF 的性能进行改进,在降低和拉伸 DeCAF 后应用微调操作,可以大大提高其性能(Zhong 等,2018)。此外,深度学习模型还被用于目标检测、纹理生成、语音识别、图像字幕生成、机器翻译、遥感、金融和生物信息学等领域(Deng 和 Li 2013;Xu 等,2015;Sutskever 和 Vinyals,2014;Heaton 等,2016;Min 等,2016;Zhang 等,2017;Gao 等,2017;Gan 等,2017;Liu 等,2017、2018;潘等,2018;Miao 等,2018)。

6.2.2 海洋数据分析

在文献中,许多机器学习方法已经被应用于海洋数据分析(Hsieh,2009),如神经网络和支持向量机(Lins 等,2010),本节只关注与海峰识别和海面温度预测相关的问题。

海锋是不同水团和不同类型垂直结构之间的边界,通常伴随着温度、盐度、密度、营养和其他属性的水平梯度增强(Belkin 和 Cornillon,2003)。为了更好地了解海洋过程,多年来海锋一直是重要的研究课题。在提供有关海洋和大气的性质及动态的启发性信息时,海峰识别至关重要,因此海锋是了解大多数海洋过程(即气候变化)的基本关键。有多种方法解决海峰识别问题,最常用的方法有梯度算法、边缘检测算法和熵算法(Cayula 和 Cornillon,1992)。近年来,随着科技创新和新仪器的发展,高分辨率卫星图像等遥感数据越来越受欢迎,而且价格低廉。因此,随着大量数据的积累,人们提出了新的卫星图像中海锋识别及探测的算法和方法(Miller 等,2015;Yang 等,2016;Lima 等,2017)。6.3 节将介绍如何将深度学习方法(即深度卷积神经网络)应用到海峰识别应用中。

海温是地球表面能量平衡系统中的 1 个重要参数,也是测量海水热的 1 个重要指标,它在地球表面与大气相互作用的过程中起重要的作用。海洋面积占全球的 3/4,因此海温对全球气候和生物系统有着不可估量的影响。海温预报在海洋天气与气候预报、海洋渔业与矿业等近海活动、海洋环境保护、海洋军事等诸多应用领域具有重要的基础性作用,准确预测海温时空分布具有重要的科学意义和应用价值。但由于诸多不确定因素的影响,特别是在沿海地区,其预测准确率一直较低。

目前有多种预测海温的方法,这些方法一般可以分为两类(Patil 等,2016)。一类是基于物理学,也被称为数值模型;另一类是基于数据的,也称为数据驱动模型。前者试图利用一系列的微分方程来描述海温的变化,通常非常复杂,需要增加计算工作量和时间,并且,不同海域的数值模型也不同。而后者试图从数据中学习模型,一些学习方法已经被使用,如线性回归(Kug等,2004)、支持向量机(Lins 等,2010)和神经网络(Patil 等,2016;Zhang等,2017)。

6.3 利用深度学习模型进行海洋数据分析

本节将介绍两项工作,以说明如何将深度学习模型用于海洋数据分析。

6.3.1 基于卷积神经网络的海洋前沿识别

将深度学习方法应用于海锋识别是一项具有挑战性的任务,因为海锋具有明显的视觉相似性,并且在颜色和形状上难以区分。现代 CNNs 有 1 个特性,即前几个卷积层倾向于学习类似于边缘、线条、角、形状和颜色的特征,而与训练数据无关,更具体来说,早期的网络层包含了许多任务有用的通用特性。由于将海锋定义为边缘、线和角,因此可以训练现代 CNNs 来识别海锋,目标是训练 1 个 CNNs 模型来提取对海峰识别有用的通用特征。一般来说,为了训练 1 个完整的 CNNs,需要 1 个大的数据集。然而,海峰识别数据集不够大,无法训练完整的 CNNs,因此微调成为提取特性的首选选项。

1. 网络体系结构

将 Krizhevsky、Sutskever 和 Hinton (Krizhevsky 等,2012)提出的深度结构(AlexNet)应用于微调过程,它有 6 000 万个参数和 65 万个神经元。该网络由卷积层和全连接层组成,其结构如图 6.1 所示。它以 1 个 224×224 像素的正方形 RGB 图像作为输入,并在 ImageNet 对象类上产生 1 个分布。该体系结构由 5 个卷积层、3 个池化层、2 个全连接层和 1 个分类器层组成。类似于典型的 CNNs,这种结构的成功基于几个因素,如大型数据集的可用性、更强的计算能力和 GPU 的可用性。网络的成功还依赖于附加技术的实施,如退出、防止过拟合的数据扩充和加速训练阶段的线性单元校正(ReLU)。

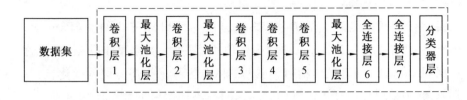

图 6.1 AlexNet 结构

采用的网络微调是基于转移学习的思想(Donahue 等,2014),具体来说,它是 1 个使已经学会的模型适应 1 个新分类模型的过程。在 1 个预先训练好的网络中,有 2 种可能的方法进行微调,第 1 种方法是对 CNNs 的所有层进行微调,第 2 种方法是固定一些较早的层(以避免过拟合),只微调网络的较高层。在第 1 种方法中,从预先训练好的 CNNs 中去除分类器层,其余 CNNs 作为固定的特征提取器。在第 2 种方法中,固定初始层保持已经学习的通用特性,而最后的层则根据特定的任务进行调整,即在特定数据集上从以前的预训练网络学到的参数进行微调,然后根据新数据集的当前状态调整参数。在第 2 种方法中,对所有层进行了微调,并假设所有层的特性对任务都很重要,这种方法的工作流程如图 6.2 所示。

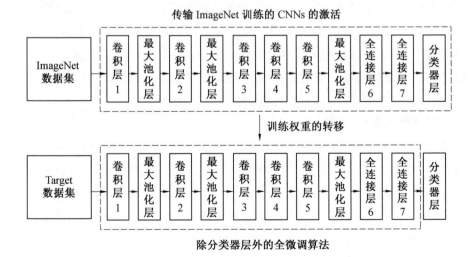

图 6.2 微调过程

2. 实验结果

美国国家海洋和大气管理局(NOAA)获得的数据包含了不同区域和不同年份的数据,并利用 Matlab 对数据进行后处理和标记。处理彩色数据集和灰度数据集 2 种不同的数据集,每种类型的数据集包含 front 和 no-front 2 类。这 2 个数据集记录的主要区别是颜色属性,其中灰度图像是原始图像,采用插值算法对彩色图像进行处理。彩色和灰度 2 个数据集分别由 2 000 张图像组成,front 类包含 1 279 张图像,no-front 类包含 721 张图像。所有涉及不同地区和年份的高分辨率图像都是从 NOAA 收集的。本节处理所有的图像都是以 2° 为间隔的网格,彩色数据集是 RGB 图像,这个数据集的样本如图 6.3(a)、(b) 所示,灰度图像的样本如图 6.3(c)、(d) 所示。

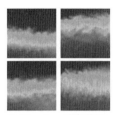

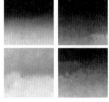

(a) Class front 彩色数据　(b) Class no-front 彩色数据　(c) Class front 灰度图像　(d) Class no-fron 灰度图像

图 6.3　彩色和灰度海峰图像示例

通过对提供的数据集进行 10 倍的分层处理来分割训练集和测试集。为了对所采用的模型进行微调,保持预训练模型的结构不变,只去掉了最后 1 个 Softmax 层。此外,预处理后的 CNNs 需要 1 个固定大小(如 224 × 224)的输入图像,因此每个图像在网络中被调整到 1 个固定的大小。将类的数量更改为 2 个,对应于 front 和 no-front 类。对于训练参数,运行 5 000 次迭代的代码,并将学习率设置以 0.01 和 0.001 为变化量。此外,使用训练数据对预训练模型进行微调,用来学习权重。然后利用 SVM 分类器对新的学习特征进行分类,见表 6.1,彩色数据集准确率为 88%,灰度数据集准确率为 86%。

表 6.1　每个数据集获得的准确率

数据集	准确率/%
彩色数据集	88
灰度数据集	86

图6.4所示为AlexNet每一层的分类准确率。彩色数据集的分类准确率在前5个卷积层中增长非常缓慢。在第1个全连接层,准确率下降,在最后1个全连接层,准确率增加到最高。在前5个卷积层中,灰度数据集的分类准确率比彩色数据集的分类准确率提高得更快,最后1个全连接层的分类准确率得到了验证。与灰度数据集相比,彩色数据集在最后的全连接层取得了更好的效果。该模型在彩色数据集中比在灰色数据集中性能更好的原因可能是每个数据集的特定内在属性,颜色属性是非常重要的,因为第1个卷积层倾向于学习类似颜色的特征。

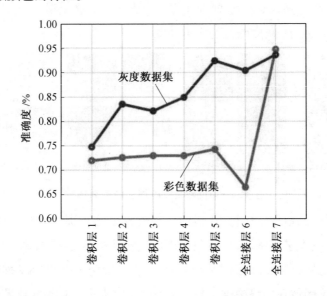

图6.4 AlexNet每一层的分类准确率

理解CNNs模型学习特征的可视化操作需要在中间层对特征活动进行解释,图6.5所示为卷积层可视化特征。图中,顶层2行CNNs的特点来自彩色数据集,第2行左侧为海浪峰前可视化,第2行右侧为无海浪峰前可视化。下面2行来自灰度级数据的CNNs特征,第4行左侧为海浪峰前可视化,第4行右侧为无海浪峰前的可视化。从结果中可以看出,早期图层(1~3)的特征比后1层(4~5)的特征表现得更好,这可能是由于第1个卷积层倾向于学习类似于颜色、边缘、线条、角和形状的特征,该网络的早期层次包含对海峰识别有用的一般特征。后1层更接近于自然图像分类问题的标签层,因此包含了对海峰识别应用可能没有帮助的特性。

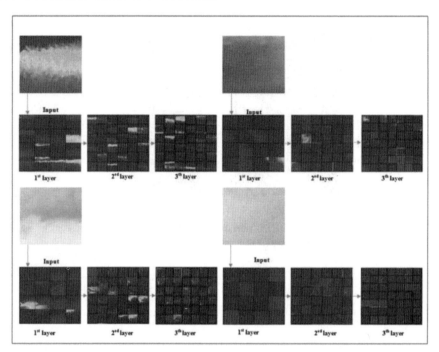

图6.5 卷积层可视化特征

图6.6所示为不同标准下本节方法的精密对比,对比算法包括完全训练算法、高层微调算法和视觉词袋模型(bag of visual word,BOVW)。首先用数据集训练和测试了原始AlexNet,结果在2个数据集上非常相似,而完全训练在彩色数据集中表现较好(为83%),在灰度数据集中为81%。对比本节方法与高层微调算法的结果,发现差异较大,彩色数据集为55%,灰度数据集为45%。1个可能的原因是网络的早期层倾向于学习类似颜色、边缘、线条、角和形状的特征,这对海洋锋识别应该是有用的。对比本节提出的方法和BOVW的结果,本节提出的方法比BOVW彩色数据集的68%和BOVW灰色数据的54%的结果更好。结果表明,该方法在彩色数据集和灰度数据集上的准确率最高,分别为88%和86%。

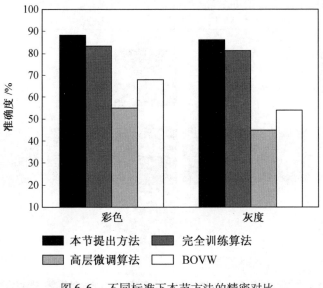

图6.6 不同标准下本节方法的精密对比

6.3.2 利用长短时记忆网络进行海面温度预报

通常海面可以根据经度、纬度划分成网格,每个网格在一段时间内都有1个值,然后将海面温度值组织成三维网格,问题是如何根据三维海面温度网格预测未来海面温度的值。

为了使问题更简单,假设在这段时间内从1个网格获取的海面温度值是1个实值序列。如果可以建立1个模型来捕捉数据之间的时间关系,就可以根据历史值来预测未来的值。因此,这个单网格的预测问题可以表述为1个回归问题,如果给定 k 天的海面温度值,那么 $k+1 \sim k+l$ 天的海面温度值是多少,l 表示的是预测长度。

1. 网络体系结构

采用 LSTMs 捕获时间序列数据之间的时间关系,LSTMs 最初是由 Hochreiter 和 Schmidhuber 在 1997 年提出的(Hochreiter 和 Schmidhuber,1997)。LSTMs 是1种特殊的递归神经网络结构,用于序列建模,能比传统的神经网络更准确地解决序列的长期依赖关系,它可以处理输入对和输出对的序列 $\{(x_t, y_t)\}_{t=1}^n$。当前时刻 (x_t, y_t),LSTMs 细胞需要1个新的输入 x_t 和来自最后一步的隐藏向量 h_{t-1}，然后生成 1 个估计输出 $\hat{y}_t$，同时包含 1 个新的隐藏向量 h_t 和 1 个新的记忆向量 m_t。

图 6.7 所示为 LSTMs 细胞结构。整个计算过程可由如下一系列方程定义（Graves，2013）：

$$\left.\begin{aligned} i_t &= \sigma(W^i H + b^i) \\ f_t &= \sigma(W^f H + b^f) \\ o_t &= \sigma(W^o H + b^o) \\ c_t &= \tanh(W^c H + b^c) \\ m_t &= f_t \odot m_{t-1} + i_t \odot c_t \\ h_t &= \tanh(o_t \odot m_t) \end{aligned}\right\} \quad (6.1)$$

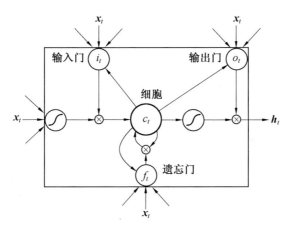

图 6.7　LSTMs 细胞结构

式中，σ 为 sigmoid 函数；W^i、W^f、W^o、W^c 在 $\mathbf{R}^{d \times 2d}$ 域内周期性权重矩阵；b^i、b^f、b^o 和 b^c 为相应的偏差项。H 在 $\mathbf{R}^{2d}$ 域内将新的输入 x 与之前的隐藏向量 h_{t-1} 串联，得到

$$H = \begin{bmatrix} Ix_t \\ h_{t-1} \end{bmatrix} \quad (6.2)$$

LSTMs 的关键是细胞状态，即记忆向量 m_t，它可以记住长期的信息。LSTMs 能删除或向细胞状态添加信息，这是由称为门的结构进行控制的。式 (6.1) 中 i、f、o、c 分别表示输入门、遗忘门、输出门和控制门。输入门可以决

定有多少输入信息进入当前细胞,遗忘门可以决定前一个记忆向量 m 有多少信息被遗忘,而控制门可以决定将新信息写入被输入门调制的新记忆向量中,输出门可以决定从当前细胞输出什么信息。

根据 Kalchbrenner 等(2015)的工作,本节使用了 1 个完整的函数 LSTMs( ) 作为式(6.1)的简写:

$$(h',m') = \mathrm{LSTMs}\left(\begin{bmatrix} Ix_i \\ h_{i-1} \end{bmatrix}, m, W\right) \tag{6.3}$$

式中,W 将 4 个权值矩阵 W^i、W^f、W^o、W^c 的集合。

将 LSTMs 与全连接层结合,构建 1 个基本的 LSTMs 块。图 6.8 所示为基本 LSTMs 块的结构,在 1 个神经块中有 2 个基本的神经层。LSTMs 层可以捕捉时间关系,即海面温度值时间序列之间的规律性变化。LSTMs 层的输出是 1 个向量,即上 1 个时间步长的隐藏向量,通过全连通层对输出向量进行更好的抽象和组合,降低其维数,同时将降低后的向量映射到最终的预测中。图 6.9 所示为 1 个全连接层,计算可定义如下:

$$(h_i, m_i) = \mathrm{LSTMs}\left(\begin{bmatrix} I_{\mathrm{input}} \\ h_{i-1} \end{bmatrix}, m, W\right) \tag{6.4}$$

$$\text{预测值} = \sigma(W^{fc} h_l + b^{fc})$$

式中,函数 LSTMs( ) 的定义为式(6.3),h_l 为 LSTMs 最后 1 个时间步长的隐藏向量;W^{fc} 为全连接层的权值矩阵;b^{fc} 为相应的偏置项。

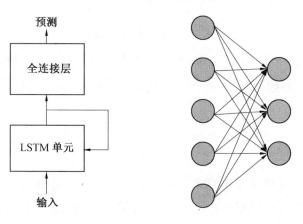

图 6.8 基本 LSTMs 块的结构　　图 6.9 1 个全连接层

LSTMs 块可以根据该网格以往的海面温度值预测单个网格未来的海面温度,但还需要对1个地区的海温进行预测,就可以将基本的 LSTMs 块组装构成整个网络。

图 6.10 所示为网络结构,它像1个长方体,x 轴代表纬度,y 轴代表经度,z 轴代表时间,每个网格对应于真实数据中的1个网格。实际上,沿着时间轴在同一位置的网格构成了1个基本块。为了更清晰地表示,省略了层与层之间的连接。

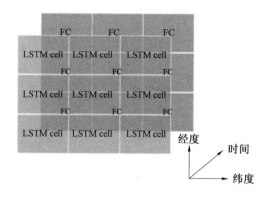

图 6.10 网络结构

2. 实验结果

本节使用了 NOAA/OAR/ESRL PSD 提供的高分辨率海面温度数据,该数据来自 http://www.esrl.noaa.gov/psd/(ESRL,2018)。这个数据集包含了从1981年9月到2016年11月(12 868 天)的海面温度日平均值、海面温度日异常值、海面温度周平均值和海面温度月平均值,覆盖了全球海洋从 89.87°S 到 89.875°N,0.125°E 到 359.875°E,以 0.25°纬度乘以 0.25°经度为网格(1 440 ×720)的数据。

远海的温度变化相对稳定,近海的温度波动较大,因此本研究以我国近海海域为研究对象,对该方法进行评价。渤海是中国东北和北方沿海在黄海海湾和朝鲜湾的最内层,它的面积约为 78 000 km²,靠近中国首都北京,是世界上最繁忙的航道之一(Wikipedia,2018),渤海北纬 37.07°~ 41°,东经 117.35°~ 121.10°。从上述数据集中选取渤海的对应子集,形成1个 16 × 15 的网格,共包含12 868天的数据,分别命名为渤海海面温度日平均值数据集和渤海海面温度日异常值数据集,这 2 个数据集用于日常预测。此外,每周平均值和每月平均值被用于每周和每月的预测。

由于海面温度预测被表述为 1 个序列预测问题,即利用以前的观测来预测未来,因此应该确定利用多长时间的观测值预测未来,当然长度越长,预测效果越好,但需要更多的计算。本节根据温度数据周期性变化的特点,将先前序列的长度设置为预测长度的四倍。此外,LSTMs 层层数 l_r 和全连接层层数 l_{fc} 决定整个网络的结构,还应该用 $units\_r$ 表示的对应隐藏细胞数。

根据上面提到的方面,首先设计了 1 个简单的实验来确定 l_r、l_{fc} 和 $units\_r$ 的临界值,使用基本的 LSTMs 块来预测单个位置的海面温度。在此基础上,对渤海海面温度预报方法进行评价。

虽然已经确定了网络的结构,但是为了训练网络,还需要确定其他关键组件,如激活函数、优化方法、学习率和批量大小等。基本 LSTMs 块采用 logistic sigmoid 函数和 tanh 函数作为激活函数,这里使用 ReLU 激活函数,因为它很容易优化且不饱和。传统的深度网络优化方法是随机梯度下降法,是梯度下降法的批处理版本,批处理方法可以加快网络训练的收敛速度,这里采用了 Adagrad 优化方法(Duchi 等,2010),该方法可以使学习率与参数相适应,对不常用的参数进行较大的更新,对常用的参数进行较小的更新。Dean 等(2012)发现 Adagrad 大大提高了 SGD 的鲁棒性,并将其用于大规模神经网络的训练,在接下来的实验中,设置初始学习率为 0.1,批量大小为 100。

1981 年 9 月到 2012 年 8 月(11 323 天)的数据作为训练集,2012 年 9 月到 2012 年 10 月(总共 122 天)的数据作为验证集,2013 年 1 月到 2015 年 12 月(总共 1 095 天)的数据作为测试集。测试 1 周(7 天)和 1 个月(30 天)来评估预测性能,2016 年的数据(共计 328 天)用来进行再次对比。

另外给出了 2 个回归模型(即支持向量机回归模型(support vector regression,SVR)和多层感知机回归模型(multi layer perception regression,MLPR))对海面温度的预测结果,以供比较。SVR 是近年来最流行的回归模型之一,在许多应用领域取得了良好效果。MLPR 是 1 种用于回归任务的典型人工神经网络,在 Python 2.7 环境下进行实验,提出的网络由 Keras 实现(Chollet 等,2015),SVR 和 MLPR 由 Scikit-learn 实现(Pedregosa 等,2011)。

海面温度预测的性能评价是 1 个基础性问题,本节采用均方根误差(root of mean squared error,RMSE)作为衡量不同方法有效性的评价指标,它也是最常用的测量方法之一。显然,RMSE 越小,性能越好。本节 RMSE 可以被看作 1 个绝对误差,面积预测采用区域均方根误差。

在渤海海面温度日平均值数据集中随机选取了 5 个位置,分别记为 p_1, p_2,…,p_5,用前半个月(15 天)长度的序列来预测 3 天的海面温度值。首先,将 l_r、l_{fc} 固定为 1,$units\_fc$ 固定为 3,并从 $\{1,2,3,4,5,6\}$ 中为 $units\_r$ 选择 1 个合适的值。表 6.2 为不同 $units\_r$ 值下 5 个地点的预测结果,表中粗体字表示最佳性能,即最小的 RMSE。从结果可以看出,当 $units\_r = 6$ 时,性能最好。

表 6.2　不同 $units\_r$ 值下 5 个地点的预测结果

$units\_r$	p_1	p_2	p_3	p_4	p_5
1	0.159 5	0.117 1	0.269 0	0.298 8	0.262 6
2	0.158 9	0.113 7	0.256 9	0.290 9	0.269 5
3	0.207 5	0.092 3	0.258 0	0.281 9	0.260 6
4	0.215 2	0.091 8	0.234 9	0.275 2	0.267 2
5	**0.128 0**	**0.091 4**	**0.231 0**	0.272 3	**0.236 2**
6	0.135 3	0.092 2	0.245 4	**0.264 6**	0.246 8

在本实验中,当 $units\_r = 5$ 在 p_1、p_2、p_3、p_5 4 个位置时,性能最好;而在 p_4 位置时,当 $units\_r = 6$ 时,性能最好。从表中可以看到 RMSE 的差异不是太明显。在本节之后的实验中,将 $units\_r$ 设为 5。

使用来自相同 5 个位置的海面温度序列为参数 l_r 从 $\{1,2,3\}$ 中选择 1 个合适的值,其他 2 个参数由 $unit\_r = 5$ 和 $l_{fc} = 1$ 设置。不同 l_r 值下 5 个地点的预测结果(RMSE)见表 6.3。表中粗体代表了最佳性能。从结果可以看出,当 $l_r = 1$ 时,性能最好,其原因是随着周期性 LSTMs 层数的增加而增加的权值。在这种情况下,训练数据不足以学习这么多的权值。实际上,以往研究的经验表明,周期性 LSTMs 层并不是越多越好。在实验中发现 LSTMs 层越多,得到不稳定结果的可能性越大,需要的训练时间也越多。在本节之后的实验中,设置 l_r 为 1。

表6.3 不同 l_r 值下5个地点的预测结果(RMSE)

l_r	p_1	p_2	p_3	p_4	p_5
1	**0.128 0**	**0.091 4**	**0.231 0**	**0.272 3**	**0.236 2**
2	0.128 8	0.115 3	0.250 0	0.273 0	0.249 6
3	0.365 9	0.095 0	0.265 6	0.273 2	0.333 4

最后,仍然使用来自相同5个位置的海面温度序列为参数 l_{fc} 从 $\{1,2\}$ 中选择1个合适的值。不同 l_{fc} 下5个地点的预测结果(RMSE)见表6.4。方括号中的数字表示隐藏细胞的数量,表中的粗体表示最佳性能。从结果可以看出,当 $l_{fc}=1$ 时,它的性能最好,原因是更多的层意味着需要训练更多的权值,因此需要更多的计算。所以在接下来的实验中,设置 l_{fc} 为1,并将它的隐藏细胞数设为与预测长度相同的值。

表6.4 不同 l_{fc} 下5个地点的预测结果(RMSE)

l_{fc}	p_1	p_2	p_3	p_4	p_5
1 [3]	**0.128 0**	**0.091 4**	**0.231 0**	**0.272 3**	0.236 2
2 [3,3]	0.283 8	0.094 5	0.288 0	0.272 4	0.246 1
2 [6,7]	0.366 0	0.260 5	0.465 5	0.273 0	0.335 5

因此,LSTMs 层数和全连接层数都设置为1,将全连接层神经元数目设为预测长度 l,在经验值范围 $\left[\dfrac{l}{2}, 2l\right]$ 内选择 LSTMs 层的隐藏单元数目。更多的隐藏单位需要更多的计算时间,因此,在应用程序中需要平衡数量。

使用渤海海面温度数据集,将该方法与2种经典的回归方法 SVR 和 MLPR 进行比较。渤海海面温度日平均值数据集和日异常数据集分别用于1天和3天的短期预报。渤海海面温度周平均和月平均数据集分别用于1周和1个月的长期预报。对于 LSTMs 网络的短期预测,分别令 $k=10,15,30,120$,$l=1,3,7,30$,并且 $l=1$,units_r $=6$,$l_{fc}=1$。对于 LSTMs 网络的长期预测,令 $l_r=1$,$l_{fc}=1$,$k=10$,units_r $=3$。对于 SVR,使用 RBF 内核,内核宽度 $\sigma=1.6$,选择5倍交叉验证的验证集。对于 MLPR,使用了1个3层感知器网络,其中包括1个隐藏层。隐藏单元数与 LSTMs 网络设置相同,以进行公平比较。

渤海海面温度数据集的预测结果见表6.5。表中的粗体代表了最佳性能,即最小的区域平均RMSE。还测试了海面温度日异常值的预测性能,见表6.6。结果表明,LSTMs网络具有最佳的预测性能。图6.11所示为不同方法在同一位置的预测结果。为了更清楚地看到结果,只显示了2013年1月1日到2013年12月31日的预测结果,这是测试集的第一年。绿色实线代表真实值,红色虚线表示LSTMs网络的预测结果,蓝色虚线表示基于RBF核的SVR预测结果,蓝绿色的虚线表示MLPR的预测结果。

表6.5 渤海海面温度数据集的预测结果(区域平均RMSE)

方法	每天		每周	每月
	1 天	3 天	1 个星期	1 个月
SVR	**0.399 8**	0.615 8	0.471 6	0.653 8
MLPR	0.663 3	0.821 5	0.691 9	0.836 0
LSTMs 网络	**0.076 7**	**0.177 5**	**0.384 4**	**0.392 8**

表6.6 渤海海面温度日异常数据集的区域平均RMSE预测结果

方法	每天	
	1 天	3 天
SVR	0.327 7	0.526 6
MLPR	0.938 6	0.751 8
LSTMs 网络	**0.311 0**	**0.485 7**

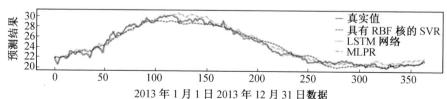

图6.11 不同方法在同一位置的预测结果

6.4 结　　论

本章介绍了深度学习模型在海洋数据分析中的应用。由于在海洋科学研究领域有很多问题,以及海洋科学研究主要依赖于计算和分析,因此深度学习将广泛应用于海洋科学研究领域。与此同时,深度学习将带来新创意和新技术,有利于海洋科学的发展。最后,本章强调深度学习仅仅是机器学习的1个分支,远远不够完善。为了解决复杂的海洋问题,可能需要设计新的深海体系结构,建立新的深海学习模型理论(Erhan 等,2010;Cohen 等,2016;Eldan 和 Shamir,2016)。

本章参考文献

［1］Awad M, Khanna R (2007) Support vector regression. Neural Inf Process Lett Rev 11(10):203-224.

［2］Baudat G, Anouar F (2000) Generalized discriminant analysis using a kernel approach. Neural Comput 12:2385-2404.

［3］Belkin I, Cornillon P (2003) Sst fronts of the pacific coastal and marginal seas. Pac Oceanogr 1(2):90-113.

［4］Cai Y, Zhong G, Zheng Y, Huang K, Dong J (2015) Is DeCAF good enough for accurate image classification? In: ICONIP, 354-363.

［5］Cayula JF, Cornillon P (1992) Edge detection algorithm for SST images. J Atmos Oceanic Technol 9(1):67-80.

［6］Chechik G, Sharma V, Shalit U, Bengio S (2010) Large scale online learning of image similarity through ranking. J Mach Learn Res 11:1109-1135.

［7］Cheriet M, Moghaddam R, Arabnejad E, Zhong G (2013) Manifold learning for the shape-based recognition of historical arabic documents. Elsevier, North Holland, 471-491.

[8] Chollet F et al (2015) Keras. https://github.com/fchollet/keras.

[9] Cohen N, Sharir O, Shashua A (2016) On the expressive power of deep learning: a tensor analysis. In: COLT, 698-728.

[10] Dean J, Corrado GS, Monga R, Chen K, Devin M, Le QV, Mao MZ, Ranzato A, Senior A, Tucker P (2012) Large scale distributed deep networks. In: NIPS, 1232-1240.

[11] Deng L, Li X Machine learning paradigms for speech recognition: an overview. IEEE Trans Audio Speech Lang Process 21(5):1060-1089 (2013).

[12] Donahue J, Jia Y, Vinyals O, Hoffman J, Zhang N, Tzeng E, Darrell T (2014) DeCAF: a deep convolutional activation feature for generic visual recognition. In: ICML, 647-655.

[13] Duchi J, Hazan E, Singer Y (2010) Adaptive subgradient methods for online learning and stochastic optimization. J Mach Learn Res 12(7): 257-269.

[14] Eldan R, Shamir O (2016) The power of depth for feedforward neural networks. In: COLT, 907-940.

[15] Erhan D, Bengio Y, Courville A, Manzagol PA, Vincent P, Bengio S (2010) Why does unsupervised pre-training help deep learning? J Mach Learn Res 11:625-660.

[16] ESRL N. NOAA OI SST V2 high resolution dataset (2018) http://www.esrl.noaa.gov/psd/data/gridded/data.noaa.oisst.v2.highres.html.

[17] Fisher R (1936) The use of multiple measurements in taxonomic problems. Ann Eugen 7(2):179-188.

[18] Gan Y, Chi H, Gao Y, Liu J, Zhong G, Dong J (2017) Perception driven texture generation. In: ICME, 889-894.

[19] Gao F, Liu X, Dong J, Zhong G, Jian M (2017) Change detection in SAR images based on deep semi-NMF and SVD networks. Remote Sens 9 (5):435.

[20] Graves A (2013) Generating sequences with recurrent neural networks. CoRR abs/1308.0850.

[21] He X, Niyogi P (2003) Locality preserving projections. In: NIPS.

[22] He X, Yan S, Hu Y, Niyogi P, Zhang H (2005) Face recognition using laplacianfaces. IEEE Trans Pattern Anal Mach Intell 27(3):328-340.

[23] He K, Zhang X, Ren S, Sun J (2015) Deep residual learning for image recognition. CoRR abs/1512.03385.

[24] Heaton J, Polson N, Witte J (2016) Deep learning in finance. CoRR abs/1602.06561.

[25] Hinton G, Roweis S (2002) Stochastic neighbor embedding. In: NIPS, 833-840 Hinton G, Salakhutdinov R (2006) Reducing the dimensionality of data with neural networks. Science 313(5786):504-507.

[26] Hinton G, Osindero S, Teh YW (2006) A fast learning algorithm for deep belief nets. Neural Comput 18(7):1527-1554.

[27] Hinton G, Srivastava N, Krizhevsky A, Sutskever I, Salakhutdinov R (2012) Improving neural networks by preventing co-adaptation of feature detectors. CoRR abs/1207.0580.

[28] Hochreiter S, Schmidhuber J (1997) Long short-term memory. Neural Comput 9(8):1735-1780.

[29] Hsieh W (2009) Machine learning methods in the environmental sciences: neural networks and kernels. Cambridge University Press, Cambridge.

[30] Jia C, Kong Y, Ding Z, Fu Y (2014a) Latent tensor transfer learning for RGB-D action recognition. In: ACM Multimedia (MM).

[31] Jia C, Zhong G, Fu Y (2014b) Low-rank tensor learning with discriminant analysis for action classification and image recovery. In: AAAI, 1228-1234.

[32] Joliffe I (2002) Principal component analysis. Springer, New York.

[33] Kalchbrenner N, Danihelka I, Graves A (2015) Grid long short-term memory. CoRR abs/1507.01526.

[34] Krizhevsky A, Sutskever I, Hinton G (2012) Imagenet classification with deep convolutional neural networks. In: NIPS, 1106-1114.

[35] Kug JS, Kang IS, Lee JY, Jhun JG (2004) A statistical approach to Indian ocean sea surface temperature prediction using a dynamical enso prediction. Geophys Res Lett 31(9):399-420.

[36] Lawrence N (2005) Probabilistic non-linear principal component analysis with Gaussian process latent variable models. J Mach Learn Res 6:1783-1816.

[37] Lima E, Sun X, Dong J, Wang H, Yang Y, Liu L (2017) Learning and transferring convolutional neural network knowledge to ocean front recognition. IEEE Geosci Remote Sens Lett 14(3):354-358.

[38] Lins I, Moura M, Silva M, Droguett E, Veleda D, Araujo M, Jacinto C (2010) Sea surface temperature prediction via support vector machines combined with particle swarm optimization. In: PSAM.

[39] Liu X, Zhong G, Liu C, Dong J (2017) Underwater image colour constancy based on DSNMF. IET Image Process 11(1):38-43.

[40] Liu X, Zhong G, Dong J (2018) Natural image illuminant estimation via deepnon-negative matrix factorisation. IET Image Process 12(1):121-125.

[41] Miao H, Guo Y, Zhong G, Liu B, Wang G (2018) A novel model of estimating sea state bias based on multi-layer neural network and multi-source altimeter data. European J Remote Sens 51(1):616-626.

[42] Miller PI, Xu W, Carruthers M (2015) Seasonal shelf-sea front mapping using satellite ocean colour and temperature to support development of a marine protected area network. Deep Sea Res Part II Top Stud Oceanogr 119:3-19.

[43] Min S, Lee B, Yoon S (2016) Deep learning in bioinformatics. CoRR abs/1603.06430.

[44] Pan X, Wang J, Zhang X, Mei Y, Shi L, Zhong G (2018) A deep-learning model for the amplitude inversion of internal waves based on optical

remote-sensing images. Int J Remote Sens 39(3):607-618.

[45] Pandey G, Dukkipati A (2014) Learning by stretching deep networks. In: ICML, 1719-1727.

[46] Patil K, Deo M, Ravichandran M (2016) Prediction of sea surface temperature by combining numerical and neural techniques. J Atmos Oceanic Technol 33(8):1715-1726.

[47] Pearson K (1901) On lines and planes of closest fit to systems of points in space. Philos Mag 2(11):559-572.

[48] Pedregosa F, Varoquaux G, Gramfort A, Michel V, Thirion B, Grisel O, Blondel M, Prettenhofer P, Weiss R, Dubourg V, Vanderplas J, Passos A, Cournapeau D, Brucher M, Perrot M, Duchesnay E (2011) Scikit-learn: machine learning in python. J Mach Learn Res 12:2825-2830.

[49] Roweis S, Saul L (2000) Nonlinear dimensionality reduction by locally linear embedding. Science 290(5500):2323-2326.

[50] Roy P, Zhong G, Cheriet M Tandem (2016) HMMs using deep belief networks for offline handwriting recognition. Front Inf Technol Electron Eng 18(7):978-988.

[51] Rumelhart D, Mcclelland J (1986) Parallel distributed processing: explorations in the microstructure of cognition: foundations. MIT Press, Cambridge.

[52] Schølkopf B, Smola A, Müller KR (1998) Nonlinear component analysis as a kernel eigenvalue problem. Neural Comput 10(5):1299-1319.

[53] Simonyan K, Zisserman A (2014) Very deep convolutional networks for large-scale image recognition. CoRR abs/1409.1556.

[54] Sutskever I, Vinyals O, Le Q (2014) Sequence to sequence learning with neural networks. In: NIPS, 3104-3112.

[55] Szegedy C, Liu W, Jia Y, Sermanet P, Reed S, Anguelov D, Erhan D, Vanhoucke V, Rabinovich A (2014) Going deeper with convolutions. CoRR abs/1409.4842.

[56] Tenenbaum J, Silva V, Langford J (2000) A global geometric framework for nonlinear dimension-ality reduction. Science 290(5500):2319-2323.

[57] Vincent P, Larochelle H, Lajoie I, Bengio Y, Manzagol PA (2010) Stacked denoising autoencoders: learning useful representations in a deep network with a local denoising criterion. J Mach Learn Res 11:3371-3408.

[58] Weinberger KQ, Blitzer J, Saul LK (2005) Distance metric learning for largemargin nearest neighbor classification. In: NIPS, 1473-1480.

[59] Wikipedia: Bohai Sea (2018) https://en.wikipedia.org/wiki/Bohai_Sea.

[60] Xing EP, Ng AY, Jordan MI, Russell SJ (2002) Distance metric learning, with application to clustering with side-information. In: NIPS, 505-512.

[61] Xu K, Ba J, Kiros R, Cho K, Courville A, Salakhutdinov R, Zemel R, Bengio Y (2015) Show, attend and tell: neural image caption generation with visual attention. In: ICML, 2048-2057.

[62] Yan S, Xu D, Zhang B, Zhang HJ, Yan Q, Lin S (2007) Graph embedding and extensions: a general framework for dimensionality reduction. IEEE Trans Pattern Anal Mach Intell 29(1):40-51.

[63] Yang Y, Dong J, Sun X, Lguensat R, Jian M, Wang X (2016) Ocean front detection from instant remote sensing SST images. IEEE Geosci Remote Sens Lett 13(12):1960-1964.

[64] Zhang Q, Wang H, Dong J, Zhong G, Sun X (2017) Prediction of sea surface temperature using long short-term memory. IEEE Geosci Remote Sens Lett 14(10):1745-1749.

[65] Zheng Y, Zhong G, Liu J, Cai X, Dong J (2014) Visual texture perception with feature learning models and deep architectures. In: CCPR, 401-410.

[66] Zheng Y, Cai Y, Zhong G, Chherawala Y, Shi Y, Dong J (2015) Stretching deep architectures for text recognition. In: ICDAR, 236-240.

[67] Zhong G, Cheriet M (2012) Image patches analysis for text block identification. In: ISSPA, 1241-1246.

[68] Zhong G, Cheriet M (2013) Adaptive error-correcting output codes. In:

IJCAI, 1932-1938.

[69] Zhong G, Cheriet M (2014a) Large margin low rank tensor analysis. Neural Comput 26(4):761-780.

[70] Zhong G, Cheriet M (2014b) Low rank tensor manifold learning. Springer International Publishing, Cham, 133-150.

[71] Zhong G, Cheriet M (2015) Tensor representation learning based image patch analysis for text identification and recognition. Pattern Recognit 48 (4):1211-1224.

[72] Zhong G, Ling X (2016) The necessary and sufficient conditions for the existence of the optimal solution of trace ratio problems. In: CCPR, 742-751.

[73] Zhong G, Liu CL (2013) Error-correcting output codes based ensemble feature extraction. Pattern Recognit 46(4):1091-1100.

[74] Zhong G, Li WJ, Yeung DY, Hou X, Liu CL (2010) Gaussian process latent random field. In:AAAI.

[75] Zhong G, Huang K, Liu CL (2011) Low rank metric learning with manifold regularization. In: ICDM, 1266-1271.

[76] Zhong G, Huang K, Hou X, Xiang S (2012) Local tangent space Laplacian eigenmaps, 17-34. SNOVA Science Publishers, New York.

[77] Zhong G, Yao H, Liu Y, Hong C, Pham T (2014) Classification of photographed document images based on deep-learning features. In: ICGIP.

[78] Zhong G, Shi Y, Cheriet M (2016a) Relational fisher analysis: a general framework for dimension-ality reduction. In: IJCNN, 2244-2251.

[79] Zhong G, Wang LN, Ling X, Dong J (2016b) An overview on data representation learning: from traditional feature learning to recent deep learning. J Financ Data Sci 2(4):265-278.

[80] Zhong G, Xu H, Yang P, Wang S, Dong J (2016c) Deep hashing learning networks. In: IJCNN, 2236-2243.

[81] Zhong G, Zheng Y, Li S, Fu Y (2016d) Scalable large margin online

metric learning. In: IJCNN, 2252-2259.

[82] Zhong G, Wei H, Zheng Y, Dong J (2017a) Perception driven texture generation. In: ACPR.

[83] Zhong G, Zheng Y, Li S, Fu Y (2017b) Slmoml: online metric learning with global convergence. IEEE Trans Circuits Syst Video Technol PP(99): 1-1.

[84] Zhong G, Ling X, Wang LN (2018a) From shallow feature learning to deep learning: benefits from the width and depth of deep architectures. WIREs Data Mining Knowl Discov.

[85] Zhong G, Wei H, Zheng Y, Dong J, Cheriet M (2018b) Deep error correcting output codes. In: ICPRAI.

[86] Zhong G, Yan S, Huang K, Cai Y, Dong J (2018c) Reducing and stretching deep convolutional activation features for accurate image classification. Cogn Comput 10(1):179-186.

[87] Zhong G, Yao H, Zhou H (2018d) Merging neurons for structure compression of deep networks. In: ICPR.

[88] Zhong G, Zheng Y, Zhang XY, Wei H, Ling X (2018e) Convolutional discriminant analysis. In: ICPR.